第3版

スラスラわかる

# ネットワーク&TCP/IPのきほん

リブロワークス 著

## 本書に関するお問い合わせ

この度は小社書籍をご購入いただき誠にありがとうございます。小社では本書の内容に関するご質問を受け付けております。本書を読み進めていただきます中でご不明な箇所がございましたらお問い合わせください。なお、ご質問の前に小社 Web サイトで「正誤表」をご確認ください。最新の正誤情報を下記の Web ページに掲載しております。

本書サポートページ　　https://isbn2.sbcr.jp/23333/

上記ページのサポート情報にある「正誤情報」のリンクをクリックしてください。なお、正誤情報がない場合、リンクは用意されていません。

### ご質問送付先
ご質問については下記のいずれかの方法をご利用ください。

#### Web ページより
上記のサポートページ内にある「お問い合わせ」をクリックしていただき、ページ内の「書籍の内容について」をクリックすると、メールフォームが開きます。要綱に従ってご質問をご記入の上、送信してください。

#### 郵送
郵送の場合は下記までお願いいたします。

〒 105-0001
東京都港区虎ノ門 2-2-1 住友不動産虎ノ門タワー
SB クリエイティブ　読者サポート係

 # はじめに

　コンピューターネットワークは、もはや日常的なものとなりました。本書を手に取っていただいた方の中には、スマートフォンでメールとSNSチェックしかしない人もいれば、いきなり社内のネットワーク管理を任されて四苦八苦している人もいると思いますが、いずれにしてもコンピューターネットワークの恩恵をまったく受けていないという人は、ほとんどいないでしょう。

　コンピューターネットワークの面白いところは、一瞬で行われる通信が、集中管理されていないバラバラの機器によって行われている点です。これは「アリの行列」に似ています。アリは誰かに指示されて行列を作っているわけではありません。エサを見つけたアリは地面に臭いを付けながら巣に帰る習性があり、仲間が付けた臭いに気付いたアリはそれをたどっていく習性があって、その結果としてエサ場までの行列になるのだそうです。

　コンピューターネットワークもそれと同じで、それぞれの機器やプログラムは「プロトコル」と呼ばれるルールに従って動いているだけなのですが、結果として数千km離れた場所のコンピューターに記録されたデータでも、数秒で取り出すことができるのです。

　本書では、面白くて複雑なコンピューターネットワークの仕組みを、わかりやすい図解で解説していきます。資料や情報は大量にありますが、いろいろ詰め込みすぎると図がゴチャゴチャしてわかりにくくなり、省略しすぎると大事なことが伝わらないので、そのバランスを調整しながら苦心して作成しました。

　また、第3版の改訂にあたって、最新状況に合わせた全体の見直しとアップデートを行いました。特に第5章「ネットワークインターフェース層とハードウェア」、第6章「セキュリティ」は、大きめの更新となりました。

　コンピューターネットワークの仕組みはただ面白いだけでなく、それを知っていれば、トラブルが起きたときに原因を推測して、臨機応変に対応することができるようになります。また、普段使っているパソコンやスマートフォンなどのデバイスも、さらに使いこなせるようになります。本書が皆さまのネットワークライフの一助となれば幸いです。

　最後に、SBクリエイティブの友保健太様をはじめ、本書の制作にお力添えいただいた皆さまに心より感謝申し上げます。

2023年12月

リブロワークス

# contents

## chapter 03 トランスポート層　59

## chapter 04 インターネット層とルーティング　81

# Windowsのコマンドプロンプトを利用する

　第3章から第5章までの後半では、ネットワークコマンドを使ってネットワークの実際の働きを確認します。ネットワークコマンドは、Windowsの場合は**コマンドプロンプト**から実行します。

## ■ Windows 10 の場合

❶スタートボタンをクリックして[Windowsシステムツール]を選択

❷[コマンドプロンプト]を選択

## ■ Windows 11 の場合

❶「cmd」と入力

❷[コマンドプロンプト]を選択

# macOS のターミナルを利用する

macOS では**ターミナル**でネットワークコマンドを実行します。画面表示やコマンドが Windows と異なりますが、本書で解説するネットワークコマンドは同じように実行できます。

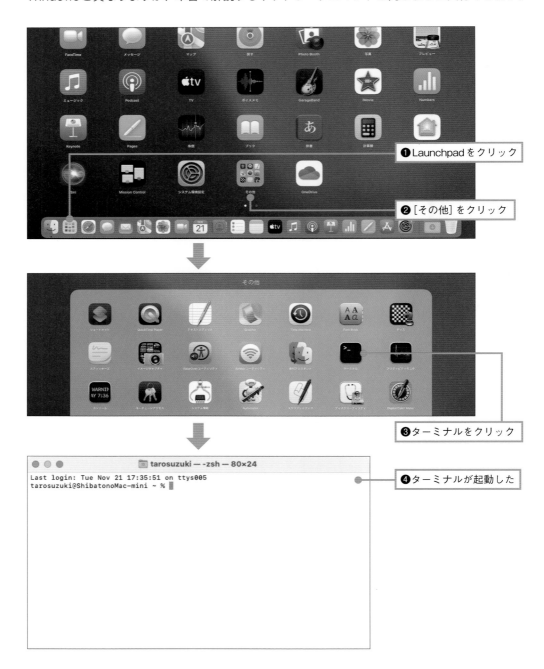

❶ Launchpad をクリック

❷ [その他] をクリック

❸ ターミナルをクリック

❹ ターミナルが起動した

chapter $01$

# コンピューターネットワークの世界を探索しよう

# この章の
# ねらい

## ■ コンピューターネットワークとTCP/IP

　Web、メールなど、今ほどコンピューターネットワークが人々の身近になった時代はないでしょう。パソコンを持っていなかったとしても、携帯電話やスマートフォンのメールを使っていれば、コンピューターネットワークの恩恵を受けているといえます。

　現在のコンピューターネットワークはインターネットの強い影響下にあるので、コンピューターネットワークについて学ぶことは、インターネットを支える「TCP/IP」という技術について学ぶことになります。TCP/IPについてはこれから1冊かけて説明していきますが、TCP/IPベースの技術で統一されたことで、家庭や企業で使われているコンピューターネットワークのほとんどが簡単にインターネットに参加できるようになり、最新技術を取り入れることが可能となりました。地球の裏側にいる相手とコストを気にせずにリアルタイムで通信するといった昔のSFのような話も、今では現実のものとなっています。それもこれもインターネットとTCP/IPのおかげです。

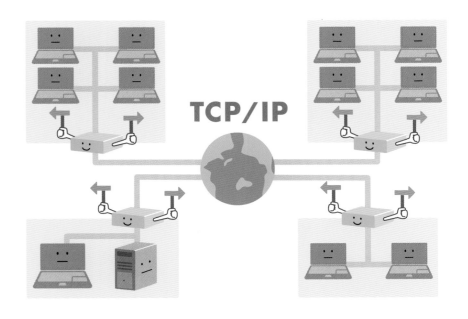

# まずは全体像をつかむ

　コンピューターネットワークの中では、さまざまなプログラムやデータ、機器が動いています。それらは「アプリケーション層」「トランスポート層」「インターネット層」「ネットワークインターフェース層」の4層に分類され、お互いに連携しながら活動しています。第2章以降ではそれぞれについて細かく解説していきますが、細かい話にとらわれて、それらがコンピューターネットワークの中でどう絡み合っているのかを把握できていないと、正しい動きを理解することはできません。

　そこで第1章では、コンピューターネットワークを構成する各層を分けず、それらが全体の中でどんな役割を果たしているのかを解説していきます。

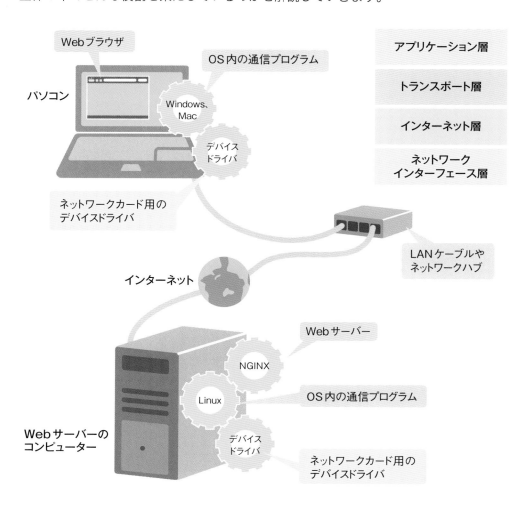

# 01 コンピューターネットワークとはどんなもの?

「コンピューターネットワーク」はその規模や仕組みによって、いくつかに分類されます。

## コンピューターとコンピューターをつなげると

コンピューター同士がつながって情報をやりとりできるようになると、**コンピューターネットワーク**になります。つなぐ数が増えれば増えるほど規模が大きくなり、いろいろなことができるようになります。

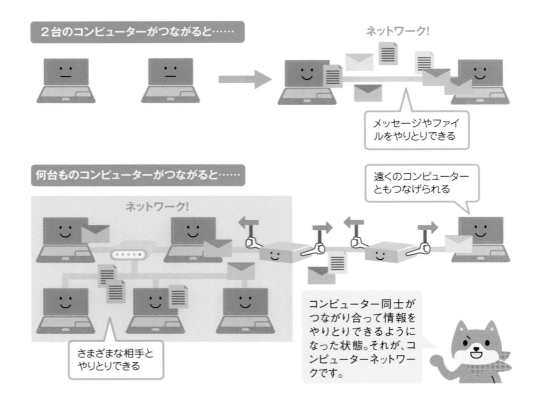

2台のコンピューターがつながると……

ネットワーク!

メッセージやファイルをやりとりできる

何台ものコンピューターがつながると……

遠くのコンピューターともつなげられる

ネットワーク!

さまざまな相手とやりとりできる

コンピューター同士がつながり合って情報をやりとりできるようになった状態。それが、コンピューターネットワークです。

> **Note** LANとWAN
>
> 家庭内や社内などの近い範囲でコンピューターをつなげたネットワークをLAN (Local Area Network) と呼びます。遠く離れたLANとLANをつなぐにはWAN (Wide Area Network) を利用します。WANは通信事業者が提供する有料のネットワークサービスです。

# 全世界をつなげるインターネット

　ネットワークの中でも、最も規模が大きいものが**インターネット**です。さまざまな家庭や企業のネットワークをつないで、自由に情報をやりとりできるようにしています。

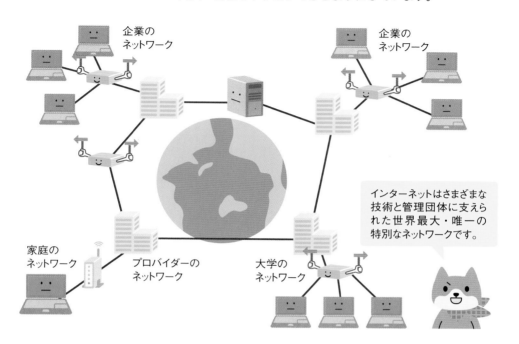

インターネットはさまざまな技術と管理団体に支えられた世界最大・唯一の特別なネットワークです。

# 携帯電話やスマートフォンをつなげるモバイルネットワーク

　携帯電話やスマートフォンをつなげる**モバイルネットワーク**は、無線技術を利用したネットワークです。接続台数や規模の広がりから、今や無視できない存在になっています。

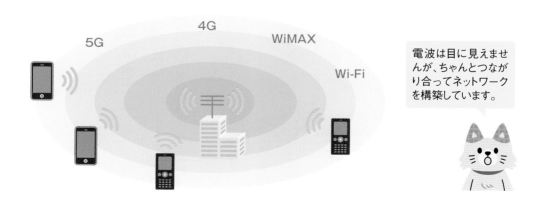

電波は目に見えませんが、ちゃんとつながり合ってネットワークを構築しています。

# 02 コンピューターネットワークは 何の役に立っているの?

ビジネスからプライベートまで、コミュニケーションから文書や周辺機器の共有、情報の配信など、コンピューターネットワークは幅広い分野で活躍しています。

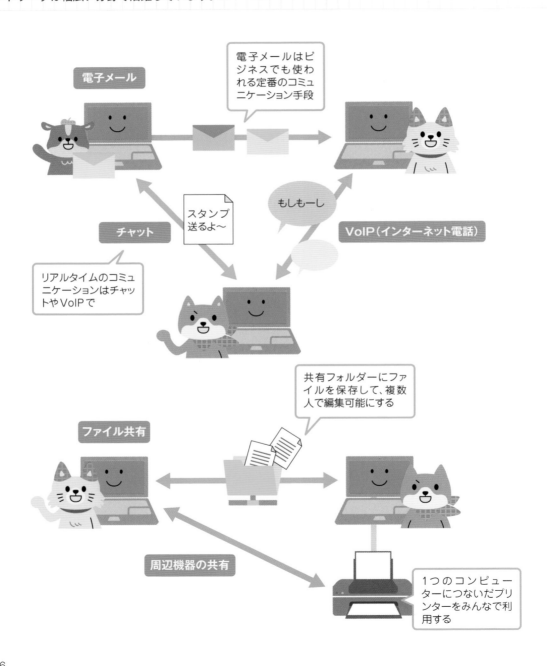

電子メール

電子メールはビジネスでも使われる定番のコミュニケーション手段

チャット

スタンプ送るよ〜

もしもーし

VoIP（インターネット電話）

リアルタイムのコミュニケーションはチャットやVoIPで

共有フォルダーにファイルを保存して、複数人で編集可能にする

ファイル共有

周辺機器の共有

1つのコンピューターにつないだプリンターをみんなで利用する

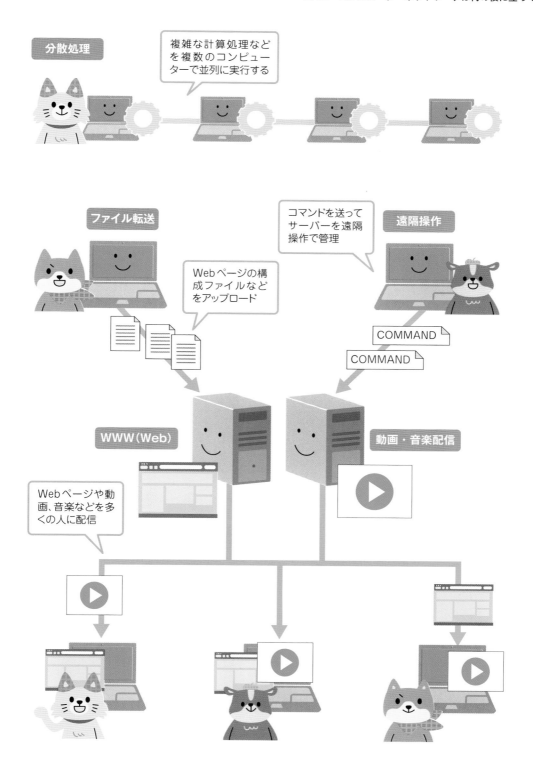

# 03 サーバーとクライアント

ネットワーク内で通信するコンピューターは、通常「サーバー」と「クライアント」のどちらかの役割を担います。
ピアツーピアアプリケーションの通信では、それぞれがサーバーでありクライアントでもあります。

## ◤ サーバーとクライアント

　ネットワークに属するコンピューターのうち、何らかのサービスを提供する側を**サーバー**、
サービスを受ける側を**クライアント**と呼びます。

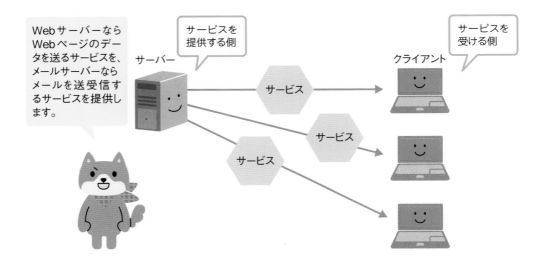

### ■ サーバーとクライアントの役割分担を決めるものは？

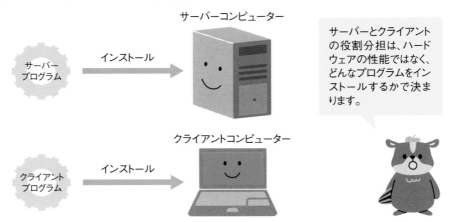

### ■ さまざまなサービスとサーバー／クライアントの仕事

| サービス名 | サーバー側の仕事 | クライアント側の仕事 |
|---|---|---|
| Webサービス | クライアントからリクエストを受け取ったら、Webページのデータを送る。 | サーバーにリクエストを送り、返事として送信されてきたデータに基づいてWebページを表示する。 |
| メールサービス | メールを届けるメール送信機能とメールを蓄積する受信機能に分かれている。 | ユーザーが作成したメールをメールサーバーに渡し、他から届いたメールを受信して表示する。 |
| FTPサービス | サーバーコンピューターのハードディスク内のフォルダーにアップロード／ダウンロードできるようにする。 | ファイルをサーバーにアップロード／ダウンロードする。 |
| 遠隔操作サービス | クライアントから受け取った命令を実行して、結果を送り返す。 | ユーザーの操作をサーバーに送り、結果を画面に表示する。 |

# ▶ ピアツーピア

　2台のコンピューターそれぞれがサーバーとクライアント両方の機能を持ち、お互いにサービスを提供し合う形態を**ピアツーピア**といいます。主な利用例にパソコンのファイル共有や、インターネット電話などがあります。

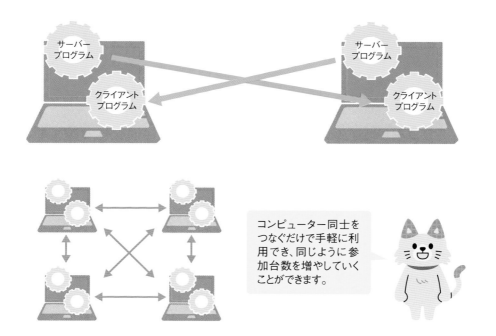

> コンピューター同士をつなぐだけで手軽に利用でき、同じように参加台数を増やしていくことができます。

# 04 パケット交換 ——複数と同時に通信する仕組み

コンピューターネットワークでは「パケット交換」という仕組みで、同時に複数のコンピューターと混信せずに通信します。

## ◤ パケット交換方式とは

コンピューターネットワークでは、メールやファイルなどのデータを**パケット**と呼ばれる小さな単位に分割してやりとりします。パケットには「どこからどこへ届けるのか」を表すアドレスが付けられています。

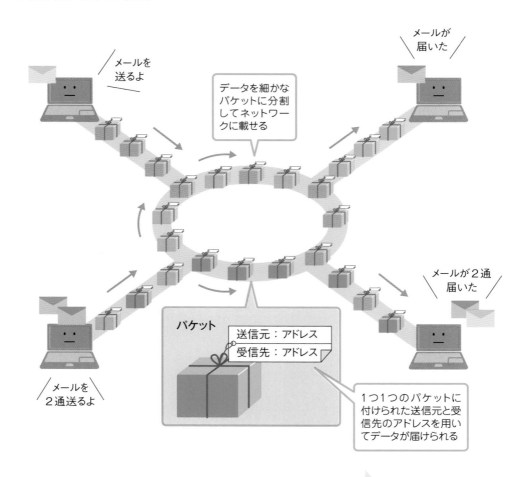

メールを送るよ

メールが届いた

データを細かなパケットに分割してネットワークに載せる

メールが2通届いた

メールを2通送るよ

パケット

送信元：アドレス
受信先：アドレス

1つ1つのパケットに付けられた送信元と受信先のアドレスを用いてデータが届けられる

IPアドレスについて、詳しくはP.86で解説

10

# 回線交換方式とパケット交換方式の違い

　大昔のコンピューターやアナログ電話では、**回線交換方式**という通信経路を占有する通信方式が用いられていました。この方式では基本的に一対一でしか通信できません。一方、**パケット交換方式**ではデータを少しずつ送ることで回線の占有を避け、複数の相手と並行してより柔軟に通信することができます。

## ■ 回線交換方式

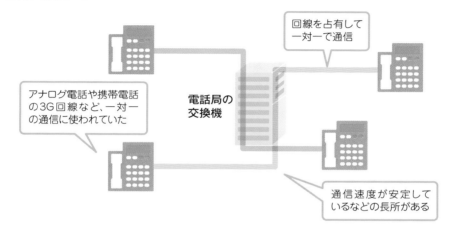

回線を占有して
一対一で通信

アナログ電話や携帯電話
の3G回線など、一対一
の通信に使われていた

電話局の
交換機

通信速度が安定して
いるなどの長所がある

## ■ パケット交換方式

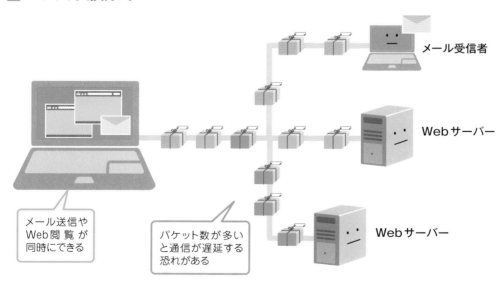

メール受信者

Webサーバー

Webサーバー

メール送信や
Web閲覧が
同時にできる

パケット数が多い
と通信が遅延する
恐れがある

# 05 コンピューターネットワークの階層モデル

コンピューターネットワークを支える仕組みは、「階層モデル」で構成されています。

## ◤ コンピューターネットワークを構成する階層

コンピューターネットワーク内での通信を実現するために、さまざまなプログラムや機器が働いていますが、それらの役割を明確化するために階層モデルが決められています。

**階層に関連するキーワード**

サーバー、クライアント、HTTP、SMTP、POP3、FTP、SSH……

TCP、UDP

IP アドレス、IPv4、IPv6、ICMP、ルーティング……

イーサネット、無線 LAN、MAC アドレス、PPP、FTTx……

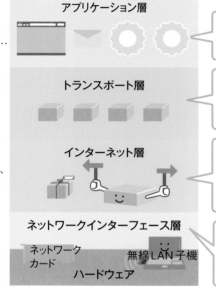

**階層の役割**

アプリケーション層

Web や電子メールなどのサービスをユーザーに提供する

トランスポート層

アプリケーション層とインターネット層を仲介し、データを正しく届けるための手配をする

インターネット層

宛先の「IP アドレス」を手がかりに、どんなに遠く離れたところにあるコンピューターへもデータを届けられるようにする

ネットワークインターフェース層

ネットワークカードなどの通信用のハードウェアを制御して実際にデータを伝送する

| アプリケーション層 | サービスを提供する部分 |
| トランスポート層 | 通信機能を担当する部分 |
| インターネット層 | |
| ネットワークインターフェース層 | |

4つの層のうち、サービスの内容を決めるのはアプリケーション層のみです。他の3つは通信機能——つまり、データを届ける機能を担当します。

# 通信販売を階層モデルで表すと？

　高度に分業が進むと階層モデルで表せるようになるのはコンピューターに限った話ではありません。通信販売で商品がユーザーに届くまでの過程なども階層モデルで表すことができます。まったく同じではありませんが、コンピューターネットワークの通信とよく似ています。

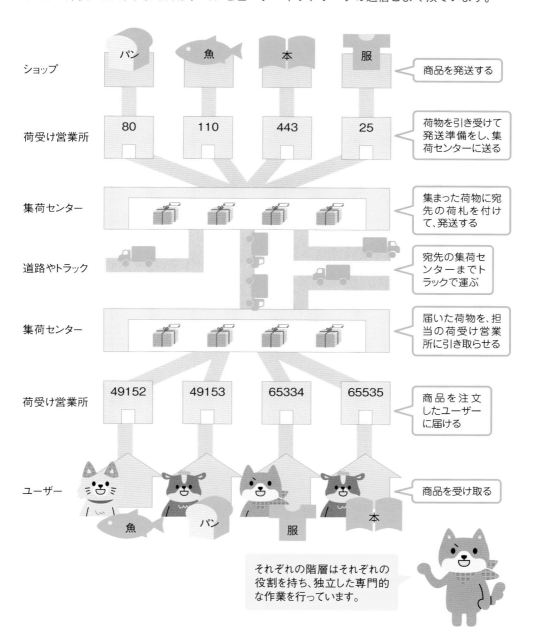

13

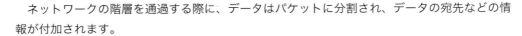

# ネットワークの階層を通過するデータの様子

　ネットワークの階層を通過する際に、データはパケットに分割され、データの宛先などの情報が付加されます。

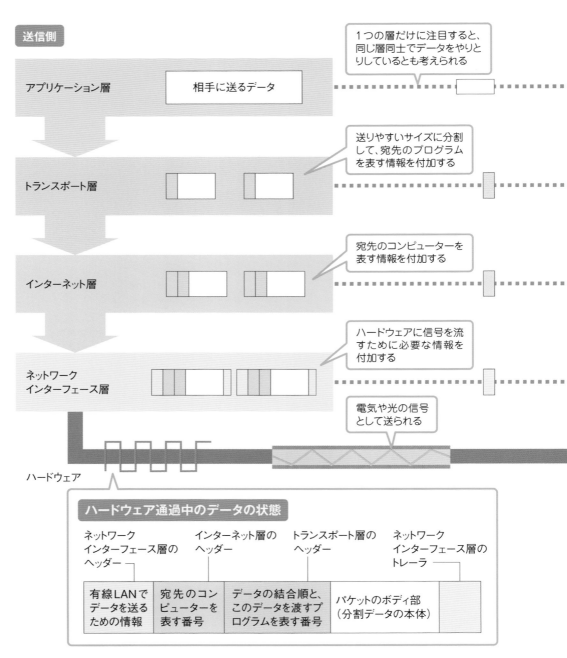

送信側

アプリケーション層　相手に送るデータ

1つの層だけに注目すると、同じ層同士でデータをやりとりしているとも考えられる

トランスポート層

送りやすいサイズに分割して、宛先のプログラムを表す情報を付加する

インターネット層

宛先のコンピューターを表す情報を付加する

ネットワークインターフェース層

ハードウェアに信号を流すために必要な情報を付加する

電気や光の信号として送られる

ハードウェア

**ハードウェア通過中のデータの状態**

ネットワークインターフェース層のヘッダー／インターネット層のヘッダー／トランスポート層のヘッダー／ネットワークインターフェース層のトレーラ

| 有線LANでデータを送るための情報 | 宛先のコンピューターを表す番号 | データの結合順と、このデータを渡すプログラムを表す番号 | パケットのボディ部（分割データの本体） | |

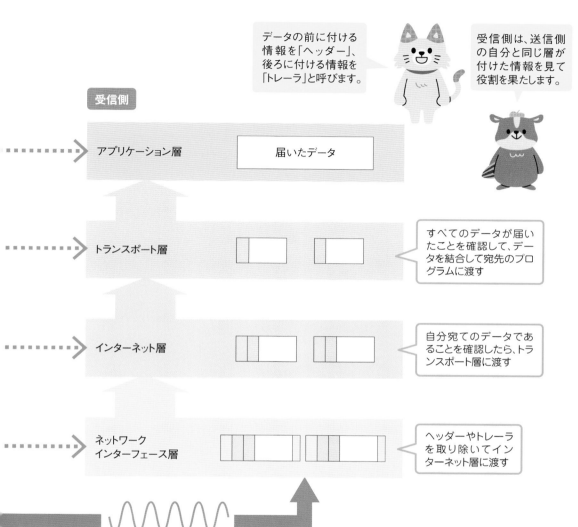

受信側

| アプリケーション層 | 届いたデータ |

データの前に付ける情報を「ヘッダー」、後ろに付ける情報を「トレーラ」と呼びます。

受信側は、送信側の自分と同じ層が付けた情報を見て役割を果たします。

トランスポート層

すべてのデータが届いたことを確認して、データを結合して宛先のプログラムに渡す

インターネット層

自分宛てのデータであることを確認したら、トランスポート層に渡す

ネットワークインターフェース層

ヘッダーやトレーラを取り除いてインターネット層に渡す

---

> **Note** OSI参照モデル
>
> ここで紹介したのは、インターネットで利用されるTCP/IPの階層モデルです。ネットワークの教科書などではOSI参照モデルも用いられており、こちらはTCP/IPの階層モデルより細かい7層構成となっています。2つの階層モデルは、おおよそ右の図のように対応しています。

| TCP/IPの階層モデル | OSI参照モデル |
|---|---|
| アプリケーション層 | アプリケーション層 |
| | プレゼンテーション層 |
| | セッション層 |
| トランスポート層 | トランスポート層 |
| インターネット層 | ネットワーク層 |
| ネットワークインターフェース層 | データリンク層 |
| | 物理層 |

# 06 4つの層の働きを詳しく見てみよう

ネットワークを支える4つの層の働きを、Webページの表示を例に、もう少しだけ詳しく見ていきましょう。

## ◤ アプリケーション層

**アプリケーション層**は、実際のサービスを提供する層です。Webページの表示の場合はWebブラウザとWebサーバーがアプリケーション層にあたり、リクエストしたURLと表示すべきWebページのデータをやりとりします。

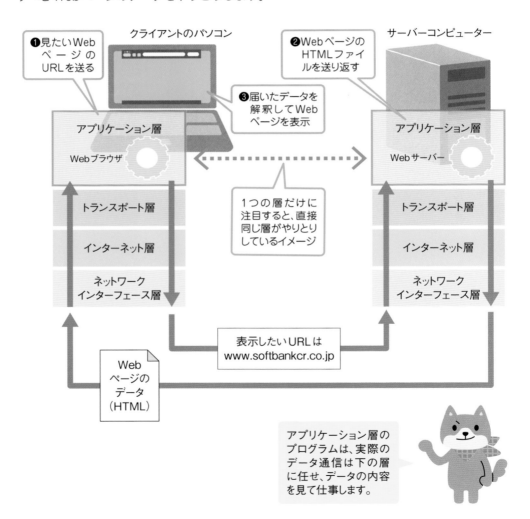

❶見たいWebページのURLを送る

❷WebページのHTMLファイルを送り返す

❸届いたデータを解釈してWebページを表示

クライアントのパソコン

サーバーコンピューター

アプリケーション層
Webブラウザ

アプリケーション層
Webサーバー

1つの層だけに注目すると、直接同じ層がやりとりしているイメージ

トランスポート層

インターネット層

ネットワークインターフェース層

トランスポート層

インターネット層

ネットワークインターフェース層

表示したいURLは
www.softbankcr.co.jp

Webページのデータ（HTML）

アプリケーション層のプログラムは、実際のデータ通信は下の層に任せ、データの内容を見て仕事します。

# トランスポート層

　**トランスポート層**の役割は、アプリケーション層のプログラムから受け取ったデータを、宛先のアプリケーション層のプログラムに渡すことです。データがうまく届かなかったときに、再送を手配するのもこの層の仕事です。

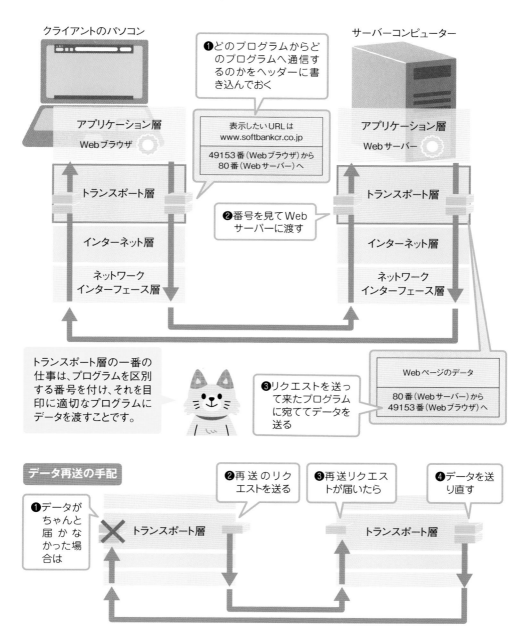

クライアントのパソコン

❶どのプログラムからどのプログラムへ通信するのかをヘッダーに書き込んでおく

サーバーコンピューター

アプリケーション層
Webブラウザ

表示したいURLは
www.softbankcr.co.jp
49153番（Webブラウザ）から
80番（Webサーバー）へ

アプリケーション層
Webサーバー

トランスポート層

❷番号を見てWeb
サーバーに渡す

トランスポート層

インターネット層

インターネット層

ネットワーク
インターフェース層

ネットワーク
インターフェース層

トランスポート層の一番の仕事は、プログラムを区別する番号を付け、それを目印に適切なプログラムにデータを渡すことです。

❸リクエストを送って来たプログラムに宛ててデータを送る

Webページのデータ
80番（Webサーバー）から
49153番（Webブラウザ）へ

**データ再送の手配**

❶データがちゃんと届かなかった場合は

❷再送のリクエストを送る

❸再送リクエストが届いたら

❹データを送り直す

トランスポート層

トランスポート層

# インターネット層

**インターネット層**の仕事は、コンピューターのアドレスを用いてデータが宛先まで届くようにすることです。インターネット内の通信では、宛先のコンピューターまでの経路を知っている「ルーター」という機器が通信を仲介します。

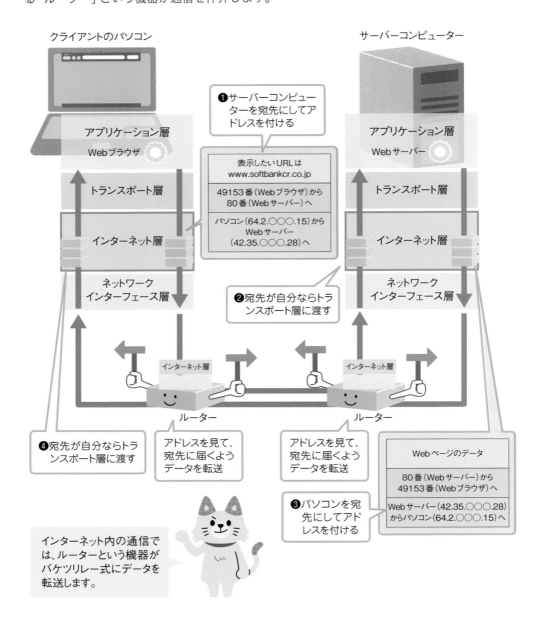

クライアントのパソコン

サーバーコンピューター

アプリケーション層
Webブラウザ

トランスポート層

インターネット層

ネットワーク
インターフェース層

アプリケーション層
Webサーバー

トランスポート層

インターネット層

ネットワーク
インターフェース層

❶サーバーコンピューターを宛先にしてアドレスを付ける

表示したいURLは
www.softbankcr.co.jp

49153番(Webブラウザ)から
80番(Webサーバー)へ

パソコン(64.2.○○○.15)から
Webサーバー
(42.35.○○○.28)へ

❷宛先が自分ならトランスポート層に渡す

インターネット層

ルーター

インターネット層

ルーター

❹宛先が自分ならトランスポート層に渡す

アドレスを見て、宛先に届くようデータを転送

アドレスを見て、宛先に届くようデータを転送

Webページのデータ

80番(Webサーバー)から
49153番(Webブラウザ)へ

Webサーバー(42.35.○○○.28)
からパソコン(64.2.○○○.15)へ

❸パソコンを宛先にしてアドレスを付ける

インターネット内の通信では、ルーターという機器がバケツリレー式にデータを転送します。

# ネットワークインターフェース層

**ネットワークインターフェース層**では、有線LANカードや無線LANカードなどのネットワークカードに合わせたデータを用意して送受信します。インターネット層が宛先まで届けることを考えているのに対し、ネットワークインターフェース層は物理的につながっている機器まで届けることしか考えません。

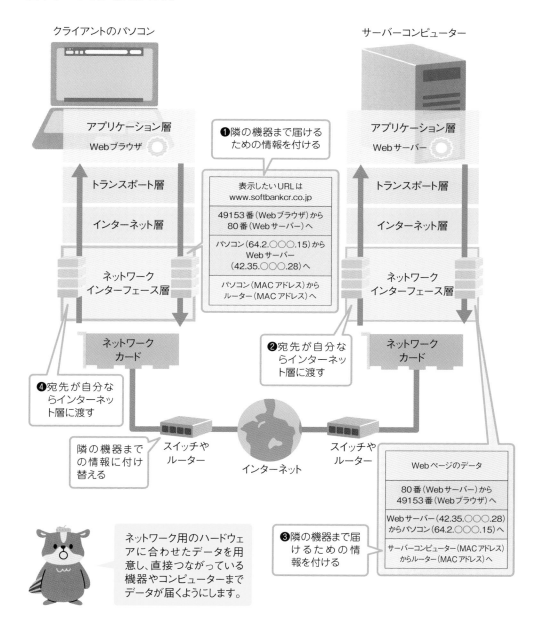

クライアントのパソコン

アプリケーション層
Webブラウザ

トランスポート層

インターネット層

ネットワーク
インターフェース層

ネットワーク
カード

❶隣の機器まで届ける
ための情報を付ける

表示したいURLは
www.softbankcr.co.jp

49153番（Webブラウザ）から
80番（Webサーバー）へ

パソコン（64.2.○○○.15）から
Webサーバー
（42.35.○○○.28）へ

パソコン（MACアドレス）から
ルーター（MACアドレス）へ

サーバーコンピューター

アプリケーション層
Webサーバー

トランスポート層

インターネット層

ネットワーク
インターフェース層

ネットワーク
カード

❷宛先が自分な
らインターネッ
ト層に渡す

❹宛先が自分な
らインターネッ
ト層に渡す

隣の機器まで
の情報に付け
替える

スイッチや
ルーター

インターネット

スイッチや
ルーター

Webページのデータ

80番（Webサーバー）から
49153番（Webブラウザ）へ

Webサーバー（42.35.○○○.28）
からパソコン（64.2.○○○.15）へ

サーバーコンピューター（MACアドレス）
からルーター（MACアドレス）へ

❸隣の機器まで届
けるための情
報を付ける

ネットワーク用のハードウェアに合わせたデータを用意し、直接つながっている機器やコンピューターまでデータが届くようにします。

# 07 通信ルールを定めるプロトコル

コンピューターネットワークを理解するために重要なキーワードが「プロトコル」です。

## プロトコルとは

　人間同士のやりとりでも「まずは名刺交換」「何をしてほしいかを伝える」「予算と締め切りを伝える」といった大まかな決まりごとがありますが、コンピューター同士ではより厳密なルールが決まっていないと通信できません。その決まりごとを**プロトコル**といいます。

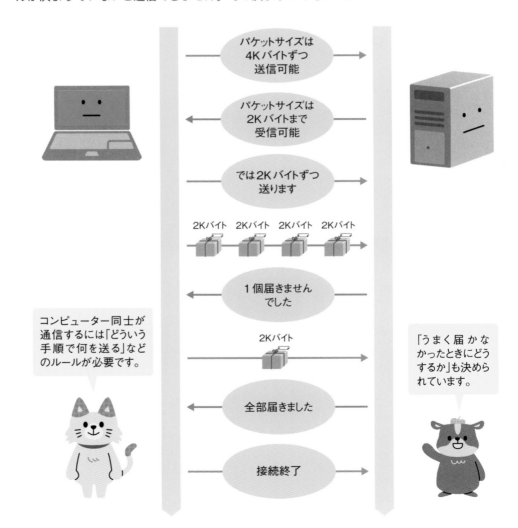

パケットサイズは
4Kバイトずつ
送信可能

パケットサイズは
2Kバイトまで
受信可能

では2Kバイトずつ
送ります

2Kバイト　2Kバイト　2Kバイト　2Kバイト

1個届きません
でした

2Kバイト

全部届きました

接続終了

コンピューター同士が通信するには「どういう手順で何を送る」などのルールが必要です。

「うまく届かなかったときにどうするか」も決められています。

# プロトコルはどこにある?

　プロトコルは通信ルールをまとめた仕様書でしかないので、それ自体が仕事をするわけではありません。プロトコルに従って動くように作られたプログラムや機器、データがあり、それらが組み合わさって動くことで通信が成り立っています。

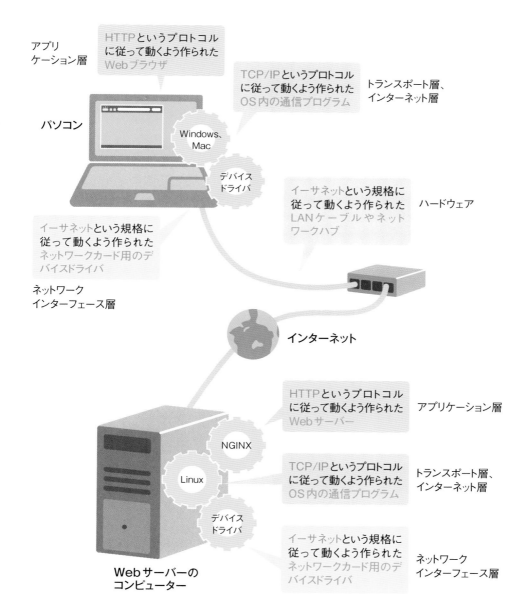

21

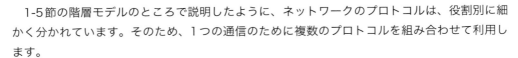

# プロトコルは組み合わせて利用される

　1-5節の階層モデルのところで説明したように、ネットワークのプロトコルは、役割別に細かく分かれています。そのため、1つの通信のために複数のプロトコルを組み合わせて利用します。

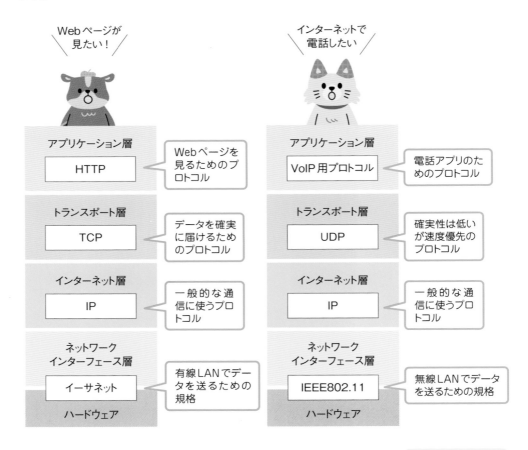

Webページが
見たい！

アプリケーション層
HTTP
Webページを
見るためのプ
ロトコル

トランスポート層
TCP
データを確実
に届けるため
のプロトコル

インターネット層
IP
一般的な通
信に使うプロ
トコル

ネットワーク
インターフェース層
イーサネット
有線LANでデー
タを送るための
規格
ハードウェア

インターネットで
電話したい

アプリケーション層
VoIP用プロトコル
電話アプリのた
めのプロトコル

トランスポート層
UDP
確実性は低い
が速度優先の
プロトコル

インターネット層
IP
一般的な通
信に使うプロ
トコル

ネットワーク
インターフェース層
IEEE802.11
無線LANでデータ
を送るための規格
ハードウェア

## やりとりされるデータの構造

**Webページを見るとき**

| イーサネット<br>ヘッダー | IP<br>ヘッダー | TCP<br>ヘッダー | HTTPのデータ | トレーラ |
| --- | --- | --- | --- | --- |

**インターネット電話を利用するとき**

| IEEE802.11<br>ヘッダー | IP<br>ヘッダー | UDP<br>ヘッダー | VoIPのデータ | トレーラ |
| --- | --- | --- | --- | --- |

各層のプロトコル
が付けた情報が連
結されていきます。

## ■ 代表的なプロトコル

| 層 | プロトコル名 | 働き |
|---|---|---|
| アプリケーション層 | HTTP | Webページのデータをやりとりする。 |
| | HTTPS | セキュリティに対応した通信でWebページのデータをやりとりする。 |
| | POP3 | サーバーに保管された受信メールを取り出す。 |
| | SMTP | メールを送信する。 |
| | FTP | ファイルを転送する。 |
| | Telnet | コンピューターを遠隔操作する。 |
| | SSH | セキュリティに対応した通信でコンピューターを遠隔操作する。 |
| | SMB | Windowsパソコンとファイルを共有する。 |
| | DHCP | コンピューターにプライベートIPアドレスを割り当てる。 |
| | DNS | URLとIPアドレスを相互変換する。 |
| | SSL ／ TLS | セキュリティに対応した通信を行う。 |
| トランスポート層 | TCP | 確実さを優先してアプリケーションのデータを送受信する。 |
| | UDP | 速度を優先してアプリケーションのデータを送受信する。 |
| インターネット層 | IP | パケットを目的地まで届ける。 |
| | ICMP | IPでの通信エラーなどを通知する。 |
| | IPsec | パケットを暗号化して届ける。 |
| | ARP | ネットワーク機器のMACアドレスを調べる。 |
| ネットワークインターフェース層 | イーサネット | メタルケーブルや光ファイバーケーブルでデータを伝送する。 |
| | PPP | ユーザー認証して遠隔地の機器と通信する。 |

> **Note** TCP/IPはプロトコルの集まり
>
> 「TCP/IP」は1つのプロトコルを指す言葉ではなく、インターネットで標準的に利用されるプロトコル一式をまとめてこのように呼んでいます。TCPとIPはその中の代表的なプロトコルです。上記の表でさまざまなプロトコルを紹介していますが、これらを総称してTCP/IPと呼ぶことがあります。プロトコル群であることを特に強調する場合は、TCP/IPプロトコルスイート（インターネットプロトコルスイート）と呼ばれます。

# 08 インターネットの影響

現在のコンピューターネットワークでは、インターネットで使われる「TCP/IP」プロトコルが採用されています。

## インターネットの特徴

　インターネットは、**TCP/IP**というプロトコル群を利用して、ネットワーク同士が相互に結びつき合うことで成立する世界最大・唯一のネットワークです。それぞれのネットワークには管理者がいますが、インターネット自体を中央集権的に管理する存在はありません。

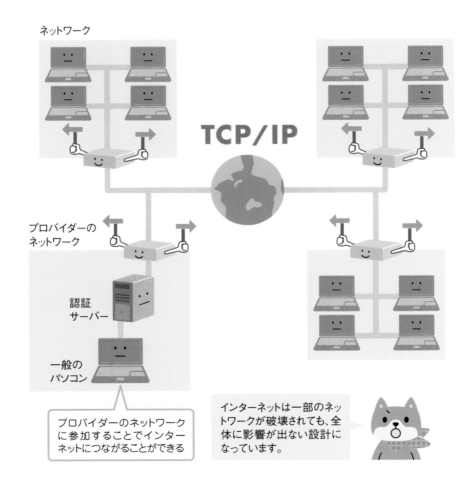

ネットワーク

TCP/IP

プロバイダーの
ネットワーク

認証
サーバー

一般の
パソコン

プロバイダーのネットワークに参加することでインターネットにつながることができる

インターネットは一部のネットワークが破壊されても、全体に影響が出ない設計になっています。

# インターネットの影響でLANはこう変わった

　インターネットの影響を受ける以前、コンピュータネットワークのプロトコルはOSメーカーなどが独自に決定していました。そのため、同じLANに接続しているにもかかわらず、OSが異なると通信できないこともありました。現在ではほとんどのプロトコルがTCP/IPをベースにしているため、**つながっていれば通信できる**のが当たり前になっています。

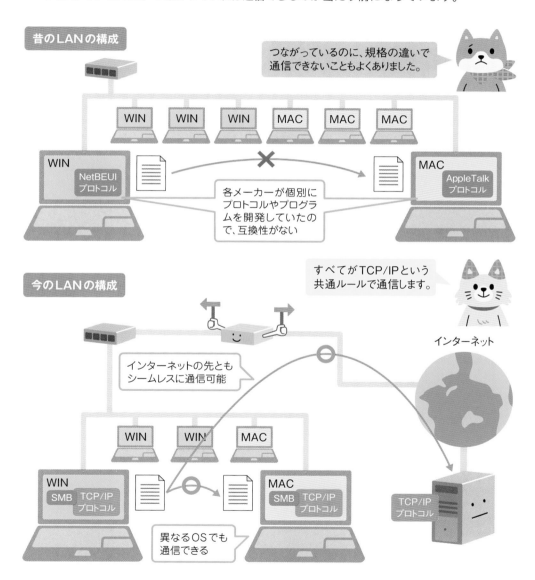

昔のLANの構成

つながっているのに、規格の違いで通信できないこともよくありました。

WIN　WIN　WIN　MAC　MAC　MAC

WIN　NetBEUIプロトコル

各メーカーが個別にプロトコルやプログラムを開発していたので、互換性がない

MAC　AppleTalkプロトコル

今のLANの構成

すべてがTCP/IPという共通ルールで通信します。

インターネット

インターネットの先ともシームレスに通信可能

WIN　WIN　MAC

WIN　SMB　TCP/IPプロトコル

MAC　SMB　TCP/IPプロトコル

TCP/IPプロトコル

異なるOSでも通信できる

SMBはファイル共有のためのプロトコルです。詳しくはP.49で解説

# クラウドコンピューティング

インターネットの通信が速くなるにつれて、複雑な処理をインターネット経由でも実行できるようになります。その延長線上に作られたものが、**クラウド**こと**クラウドコンピューティング**です。クラウドコンピューティングでは、インターネットの先にある「ファイル」や「アプリ」を利用して、いつでもどこでも作業できます。

クラウド以前

ファイル　アプリ

クラウドだと、パソコンの中だけでやっていた仕事が、インターネット経由でできます。

クラウド以後

インターネットの先にファイルやアプリがある

ファイル　アプリ

クラウドサービス事業者のサーバー

パソコンとWebブラウザ

クラウドのメリット

ファイルの共有が簡単

ファイル

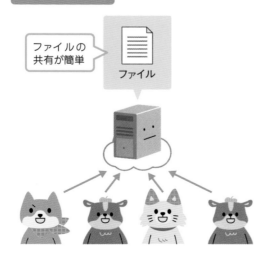

いろいろな端末からアプリを利用できる

アプリ

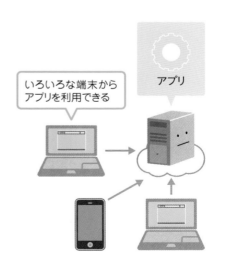

# クラウドコンピューティングの種類

　クラウドコンピューティングには、一般ユーザーがアプリとして利用するSaaSと、サービスの開発者がアプリやサービスを作るために使うIaaSやPaaSがあります。

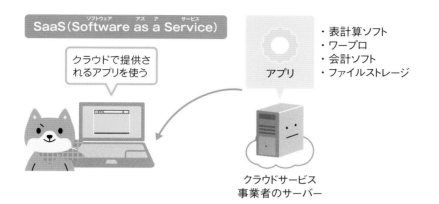

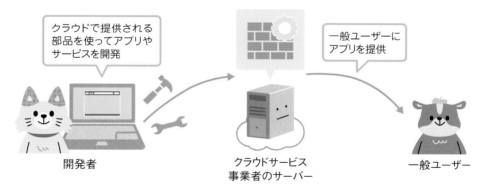

## クラウドサービスの具体例

| 分類 | サービス例 |
|---|---|
| SaaS | ストレージサービスのDropboxやOneDrive。<br>ドキュメントサービスのGoogleスプレッドシート、Excel for the webなど。 |
| IaaS／PaaS | Amazon AWS、Microsoft Azure、Google Cloudなど。 |

## プロトコルの標準化

　ネットワーク内の機器が同じプロトコルや規格に沿っていなければ、機器同士が通信することはできません。プロトコルが統一されていることはネットワークにとって大変重要なことです。これらのプロトコルの規格は、国際的な標準化団体によって定められています。インターネットに関するものはIETF（Internet Engineering Task Force）、イーサネットや無線LANなどのハードウェアはIEEE（Institute of Electrical and Electronics Engineers）、Webに関するものはW3C（World Wide Web Consortium）などの団体が策定しています。

　ただし、コンピューターに関する規格の難しいところは、機能やコストなどの面で優れているだけでなく、広く普及しなければ意味がないということです。たとえば、階層モデルのところで紹介したOSIは、標準化団体のISO（International Organization for Standardization）が策定したネットワーク用プロトコルでしたが、複雑すぎる階層モデルなどが原因で普及せず、結果として参照モデルだけが残りました。守るべきプロトコルを先に決めても、そのとおりにいくとは限らないという好例です。

　現在主流のプロトコルや規格の多くは、もともとは特定のメーカーや組織が作成したものが、デファクトスタンダード（事実上の標準）として普及した後に国際的な規格として標準化されたものです。インターネットはアメリカ国防総省などの支援を受けたネットワーク研究から生まれたものですし、有線LANのイーサネットはゼロックス社のパロアルト研究所で開発されました。

　現在では、プロトコルや規格を一組織で抱え込むよりも、標準化されたほうがメリットが大きいと考えられるようになっています。特定のメーカーが開発した規格が国際規格の候補として標準化団体に提案されたり、標準化を前提として業界団体主導で規格が検討されることも増えています。

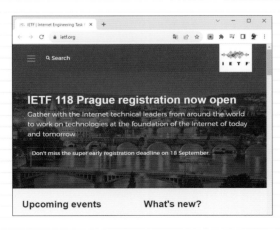

インターネット関連の規格標準化を行う
IETF公式サイト（https://www.ietf.org/）

chapter 02

# ネットワークのサービスと
# アプリケーション層

# この章の ねらい

## アプリケーション層はネットワークの顔

　第2章で解説するアプリケーション層のプロトコルは、Webや電子メール、ファイル転送、ファイル共有などのユーザーが直接触れるサービスを提供します。ネットワークの顔ともいえる部分なので、HTTPやFTPといった名前を聞いたことがある方も少なくないでしょう。

　アプリケーション層のプロトコルの仕事は、サーバーとクライアントの間でサービスを実現するためのメッセージや命令をやりとりすることです。Webや電子メールを利用する裏側でどんなやりとりが行われているか、ここでイメージをつかんでください。なお、ユーザーに身近な部分なので特に重要な層というイメージもありますが、アプリケーション層のプロトコルが仕事をまっとうできるのは、トランスポート以下の層がデータを転送してくれるおかげです。どの層が欠けてもネットワークの通信は実現できません。

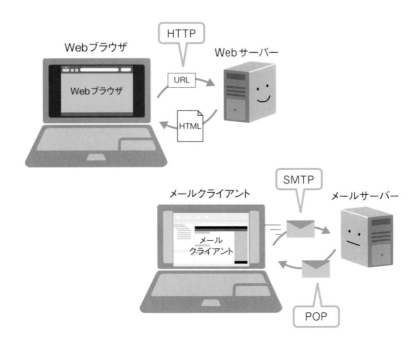

# Webサービス化というトレンド

　Web、電子メール、FTP、VoIP（インターネット電話）など、それぞれのサービスごとにアプリケーション層のプロトコルがあり、クライアント／サーバー用のプログラムがあるというのが以前は常識でした。しかし、今や日常生活に欠かせないサービスとなったSNSなどは、Webページ用のHTTPというプロトコルを利用した「Webサービス」という形で作られています。

　新たにアプリケーション層のプロトコルを開発して普及させるのはかなりの時間がかかりますが、WebサービスはすでにHTTPの上に構築するので、より短時間でサービスの開発や改良を行うことができます。年々加速していくネットワークサービスの要求に応える変化といえるでしょう。

　この章ではごく基本的なWebサービスの仕組みに絞って解説しますが、複雑で高機能なWebサービスも同じ延長線上にあると考えていただいてかまいません。

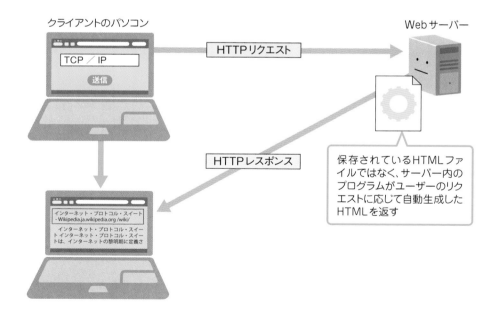

**基本的なWebサービスの仕組み**

クライアントのパソコン

TCP／IP

送信

HTTPリクエスト

Webサーバー

HTTPレスポンス

インターネット・プロトコル・スイート
- Wikipedia.ja.wikipedia.org /wiki/

インターネット・プロトコル・スイート インターネット・プロトコル・スイートは、インターネットの黎明期に定義さ

保存されているHTMLファイルではなく、サーバー内のプログラムがユーザーのリクエストに応じて自動生成したHTMLを返す

# 01 アプリケーション層の役割

「アプリケーション層」は、Webや電子メールなどのサービスを提供する層です。それぞれのサービスに対応する数多くのプロトコルがあります。

## ◢ アプリケーション層はユーザーが直接触れる層

**アプリケーション層**は、ユーザーが直接利用するサービスを提供する層です。ネットワークの階層モデルのうち、トランスポート層以下の層が担当するのは通信機能のみなので、それ以外のすべてがアプリケーション層の担当範囲となります。

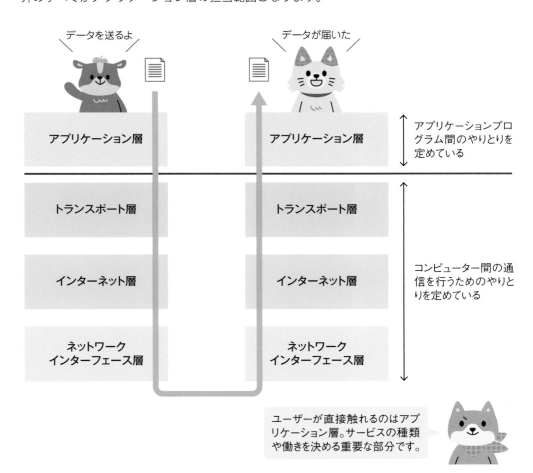

データを送るよ

データが届いた

| アプリケーション層 | アプリケーション層 |

アプリケーションプログラム間のやりとりを定めている

| トランスポート層 | トランスポート層 |

| インターネット層 | インターネット層 |

コンピューター間の通信を行うためのやりとりを定めている

| ネットワークインターフェース層 | ネットワークインターフェース層 |

ユーザーが直接触れるのはアプリケーション層。サービスの種類や働きを決める重要な部分です。

## 代表的なアプリケーション層のプロトコル

　代表的なアプリケーション層のプロトコルは、ユーザーの身近にあるサービスを支えるものばかりです。

| プロトコル | 働き |
|---|---|
| HTTP | WebサーバーとWebブラウザの間で、Webページのデータをやりとりする。 |
| POP、SMTP、IMAP | メールの受信、送信、保管を行う。 |
| SMB、AFP | LAN内でファイルを共有する。 |
| FTP | サーバーとファイルをやりとりする。 |
| Telnet、SSH | サーバーを遠隔操作する。 |

インターネットやLANでよく見かけるサービスが並んでいますね。

## バックグラウンドで働くプロトコルもある

　アプリケーション層のプロトコルには、ユーザーが直接操作しないものもあります。それらはOSなどのプログラムや他のアプリケーション層のプロトコルによって利用され、インターネットやLANを円滑に動かすために働いています。

| プロトコル | 働き |
|---|---|
| DNS | URLとIPアドレスを相互変換する。 |
| DHCP | LAN内のパソコンにプライベートIPアドレスを割り当てる。 |
| SSL／TLS | 通信データを暗号化して、クレジットカード情報などの重要なデータを安全にやりとりできるようにする。 |
| NTP | ネットワーク機器が持つ時計を同期する。 |
| LDAP | ネットワークの構成機器を一元的に管理するディレクトリサービスを提供する。 |

ユーザーが普段意識することはほとんどありませんが、重要な仕事をしています。

chapter 02　ネットワークのサービスとアプリケーション層

# 02 Webページを配信するHTTP

インターネットの代表的なサービスWWW (World Wide Web) では、「HTTP」または「HTTPS」というプロトコルが利用されています。

## Webページが表示されるまでの流れ

　　Webページは、**Webブラウザ**が送るリクエストに応じたファイルを**Webサーバー**が送り返すことで表示されます。Webページはさまざまなファイルで構成されていますが、特に重要なのは**HTML**という形式のファイルで、その中に表示したい文章や他にどんなファイルが必要かといった情報が書き込まれています。

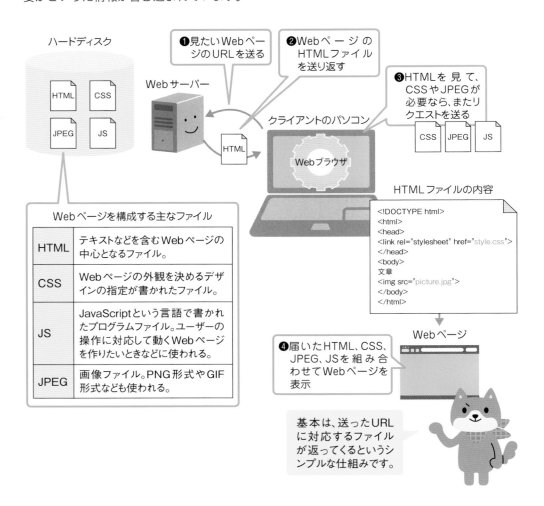

ハードディスク

❶見たいWebページのURLを送る

❷WebページのHTMLファイルを送り返す

Webサーバー

❸HTMLを見て、CSSやJPEGが必要なら、またリクエストを送る

クライアントのパソコン

Webブラウザ

HTMLファイルの内容

```
<!DOCTYPE html>
<html>
<head>
<link rel="stylesheet" href="style.css">
</head>
<body>
文章
<img src="picture.jpg">
</body>
</html>
```

Webページを構成する主なファイル

| | |
|---|---|
| HTML | テキストなどを含むWebページの中心となるファイル。 |
| CSS | Webページの外観を決めるデザインの指定が書かれたファイル。 |
| JS | JavaScriptという言語で書かれたプログラムファイル。ユーザーの操作に対応して動くWebページを作りたいときなどに使われる。 |
| JPEG | 画像ファイル。PNG形式やGIF形式なども使われる。 |

❹届いたHTML、CSS、JPEG、JSを組み合わせてWebページを表示

Webページ

基本は、送ったURLに対応するファイルが返ってくるというシンプルな仕組みです。

# Webサービスも HTTPメッセージでやりとりする

　Webサービスの場合も、WebブラウザとWebサーバー間のやりとりだけを見ると通常の
Webページと変わりありません。ただし、Webサーバーが返すHTTPレスポンスには、Web
サーバー内のプログラムによって自動生成されたHTMLが含まれます。

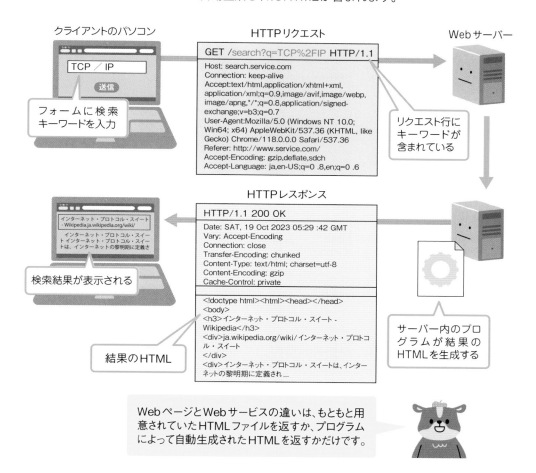

　Webページとは、もともと用
意されていたHTMLファイルを返すか、プログラム
によって自動生成されたHTMLを返すかだけです。

---

**Note　サーバー内のプログラムを動かす仕組み**

　Webサーバー側で動作するプログラムは、HTTPメッセージでやりとりすることさえできれ
ばよいので、PHP、Python、Rubyなどさまざまなプログラミング言語で作成されています。ま
た、Webサーバーからサーバー内のプログラムを呼び出すために、従来からCGI（Common
Gateway Interface）という仕組みが使われていました。ただし、最近はCGIよりもレスポンス
がよい、Webサーバーの機能の一部（モジュール）として動作する仕組みが一般的になっています。

# GETメソッドとPOSTメソッド

HTMLのフォームから送信されるHTTPリクエストには、**GETメソッド**と**POSTメソッド**の2種類があります。それぞれ特徴が異なるので、Webサービスによって使い分けられています。

---

**フォームの入力内容がリクエスト行に入る**

**GETメソッド**

```
GET /search?q=TCP%2FIP HTTP/1.1

Host: search.service.com
Connection: keep-alive
Accept:text/html,application/xhtml+xml,application/xml;q=0.9,
image/avif,image/webp,image/apng,*/*;q=0.8,application/signed-
exchange;v=b3;q=0.7
User-Agent:Mozilla/5.0 (Windows NT 10.0; Win64; x64)
AppleWebKit/537.36 (KHTML, like Gecko) Chrome/118.0.0.0
Safari/537.36
Referer: http://www.service.com/
Accept-Encoding: gzip,deflate,sdch
Accept-Language: ja,en-US;q=0 .8,en;q=0 .6
```

**結果のWebページのURL**

```
http://search.service.com/search?q=TCP%2FIP
```

**URLの「?」以降にフォームの入力内容が含まれる**

**クエリ文字（フォームの入力内容）**

URLにフォームのデータが含まれているので、戻るボタンで1つ前の状態に戻るといった操作を実現できます。

**POSTメソッド**

```
POST /sendform.php HTTP/1.1

Host: www.samplecompany.com
Connection: keep-alive
Content-Length: 23
Cache-Contro l: max-age=0
Accept:text/html,application/xhtml+xml,application/xml;q=0.9,
image/avif,image/webp,image/apng,*/*;q=0.8,application/signed-
exchange;v=b3;q=0.7
User-Agent:Mozilla/5.0 (Windows NT 10.0; Win64; x64)
AppleWebKit/537.36 (KHTML, like Gecko) Chrome/118.0.0.0
Safari/537.36
Content-Type: application/x-www-form-urlencoded
Accept-Encoding: gzip,deflate,sdch
Accept-Language: ja,en-US;q=0 .8,en;q=0 .6
```

空行

```
name=○○○○○&mail=○○○○○%40○○○%2ecom&
message=
```

**フォームの入力内容がメッセージボディに入る**

POSTメソッドは大きめのデータを送信できるので、お問い合わせフォームなどに使われます。

GETメソッドのようにフォームの入力内容が簡単に見えることはありませんが、メッセージを解析すればすぐにわかるので、セキュリティ上安全というわけではありません。

---

データの暗号化が必要な場合はHTTPSなどのプロトコルを使用します。詳しくはP.163で解説

# Webサービスの使い勝手を向上させる非同期通信

　これまで紹介してきたWebサービスの仕組みでは、Webサーバーから返された結果を表示するために毎回Webページ全体を読み込み直す必要があり、ページの一部だけを変更することはできません。そこで、最近のWebサービスでは使い勝手を向上するために、**非同期通信**という仕組みを採り入れています。非同期通信でもHTTPメッセージで通信する点は同じなのですが、Webブラウザではなくて JavaScript で書かれたプログラムがWebサーバーと通信し、ページを部分的に更新するため、全体の読み込み直しが発生しません。

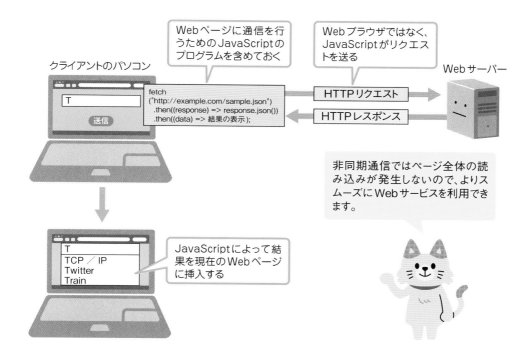

chapter 02　ネットワークのサービスとアプリケーション層

## 非同期通信の利用例

入力の途中で検索キーワードの候補が表示される

# 04 クッキーとセッション維持

ステートレス型のHTTPでは、一連の操作による通信であることを判別するために「クッキー」という技術が使われます。

## クッキーでセッションを維持する

　HTTPはステートレス型（P.35参照）なので、1回の通信ごとに完結してしまいます。そのため、ショッピングサイトのように操作が「選択」「購入決定」「支払い手続き」などの数ステップに分かれていると、それぞれの通信が同じユーザーによる一連の操作なのか判別できません。そのため、**クッキー**という技術によって、一連の操作かどうかを判別できる（セッションを維持する）ようにしています。

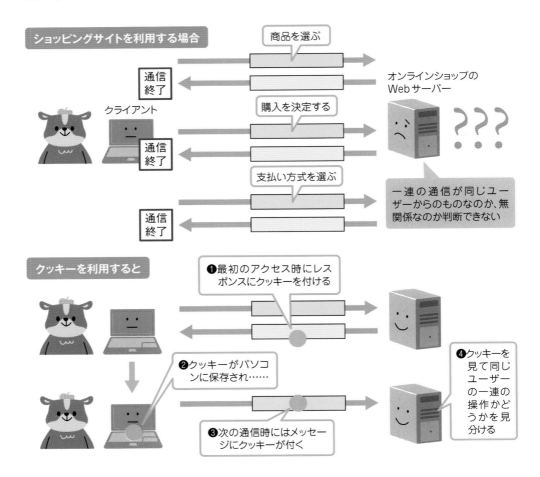

ショッピングサイトを利用する場合

商品を選ぶ

通信終了

クライアント

オンラインショップのWebサーバー

購入を決定する

通信終了

支払い方式を選ぶ

一連の通信が同じユーザーからのものなのか、無関係なのか判断できない

通信終了

クッキーを利用すると

❶最初のアクセス時にレスポンスにクッキーを付ける

❷クッキーがパソコンに保存され……

❸次の通信時にはメッセージにクッキーが付く

❹クッキーを見て同じユーザーの一連の操作かどうかを見分ける

# クッキーの仕様

HTTPレスポンスに「Set-Cookie:」という文字列が含まれていると、クッキーがクライアントのパソコンに保存されます。クッキーは悪用される恐れがあるので、さまざまな制限が掛けられています。原則的にクッキーを作成したWebサーバーと同じネットワーク（ドメイン）と通信する際しか送られませんし、期限が来ると自動的にパソコンの中から削除されます。

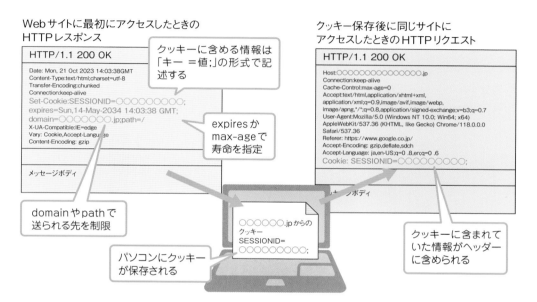

Webサイトに最初にアクセスしたときの
HTTPレスポンス

HTTP/1.1 200 OK

Date: Mon, 21 Oct 2023 14:03:38GMT
Content-Type:text/html;charset=utf-8
Transfer-Encoding:chunked
Connection:keep-alive
Set-Cookie:SESSIONID=○○○○○○○○○；
expires=Sun,14-May-2034 14:03:38 GMT;
domain=○○○○○○○.jp;path=/
X-UA-Compatible:IE=edge
Vary: Cookie,Accept-Language
Content-Encoding: gzip

メッセージボディ

クッキーに含める情報は「キー ＝値;」の形式で記述する

expires か max-age で寿命を指定

domainやpathで送られる先を制限

パソコンにクッキーが保存される

○○○○○○.jp からのクッキー
SESSIONID=○○○○○○○○○；

クッキー保存後に同じサイトに
アクセスしたときのHTTPリクエスト

HTTP/1.1 200 OK

Host:○○○○○○○○○○○○.jp
Connection:keep-alive
Cache-Control:max-age=0
Accept:text/html,application/xhtml+xml,
application/xml;q=0.9,image/avif,image/webp,
image/apng,*/*;q=0.8,application/signed-exchange;v=b3;q=0.7
User-Agent:Mozilla/5.0 (Windows NT 10.0; Win64; x64)
AppleWebKit/537.36 (KHTML, like Gecko) Chrome/118.0.0.0
Safari/537.36
Referer: https://www.google.co.jp/
Accept-Encoding: gzip,deflate,sdch
Accept-Language: ja,en-US;q=0 .8,en;q=0 .6
Cookie: SESSIONID=○○○○○○○○○；

メッセージボディ

クッキーに含まれていた情報がヘッダーに含められる

# クッキーでやりとりされる情報

盗まれると困るような情報をクッキーに保存するのは、セキュリティ面から望ましくありません。そのため、基本的に情報はWebサーバーのみに保存するようにし、同じクライアントとの通信かどうかは一時的に発行する**セッションID**などの識別番号を使って判別します。

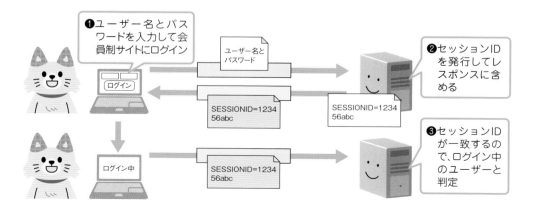

❶ユーザー名とパスワードを入力して会員制サイトにログイン

ユーザー名とパスワード

ログイン

❷セッションIDを発行してレスポンスに含める

SESSIONID=123456abc

SESSIONID=123456abc

ログイン中

SESSIONID=123456abc

❸セッションIDが一致するので、ログイン中のユーザーと判定

# 05 電子メール

電子メールの送受信には、「SMTP」「POP」「IMAP」など複数のプロトコルが利用されます。

## 送信と受信で異なるプロトコルが使われる

　電子メールでは、送信時に**SMTP**（Simple Mail Transfer Protocol）、受信時に**POP**（Post Office Protocol）というプロトコルが利用されます。メールを送った場合、SMTPを利用して受信者のメールサーバーに送信され、受信者はPOPを利用してサーバーからメールを取り出します。

メールを送ろう

メールクライアント

送信者のメールサーバー

SMTP
POP

受信者のメールサーバーへ送信する

受信者のメールボックスに保管する

SMTP
POP

受信者のメールサーバー

送信はSMTP、受信はPOPと分かれています。

メールが届いた

メールクライアント

# メールを送信するSMTP

　メールを送信するSMTPは、パソコンのメールクライアントソフトから送信者のメールサーバーへメールを送信する際に使われるだけでなく、送信者のメールサーバーから受信者のメールサーバーへメールデータを転送する際にも使われます。HTTPと異なりステートフル型のプロトコルなので、「終了」コマンドが送られるまで通信が切断されることはありません。

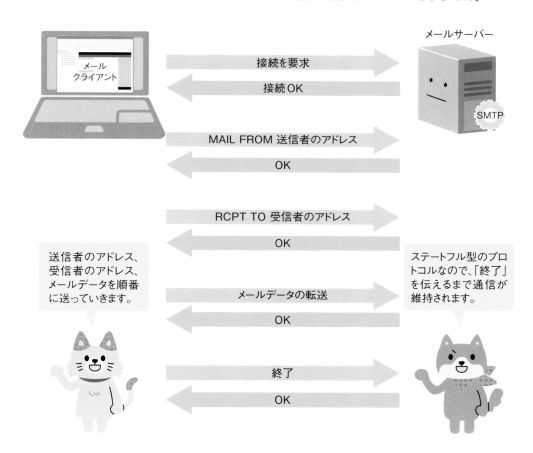

■ サーバー間のメール転送にもSMTPが使われる

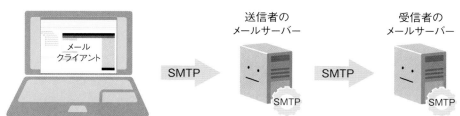

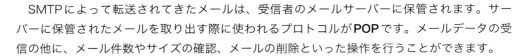

# メールを受け取るPOP

　SMTPによって転送されてきたメールは、受信者のメールサーバーに保管されます。サーバーに保管されたメールを取り出す際に使われるプロトコルが**POP**です。メールデータの受信の他に、メール件数やサイズの確認、メールの削除といった操作を行うことができます。

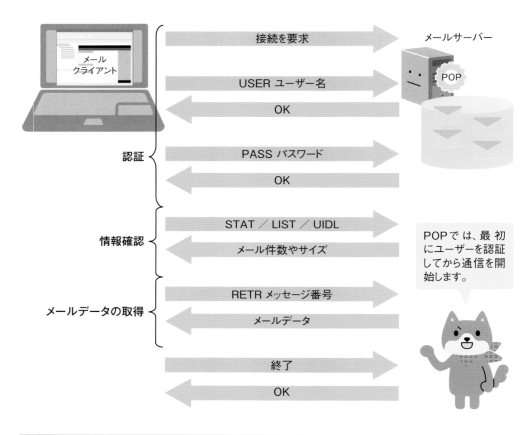

---

## SMTPにも認証が必要

　SMTPにはPOPのようなユーザーを認証する仕組みがないため、迷惑メールの送信に悪用されてしまう恐れがあります。そのため、POPサーバーの認証機能を利用したり、他のネットワークからのSMTPの利用を制限するといった対策が施されています。また、認証機能を追加した**SMTP Auth**という仕様も登場しています。

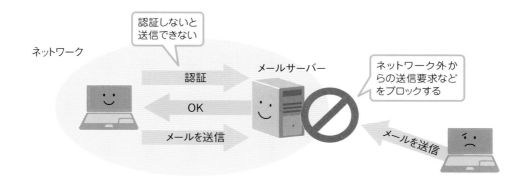

## 常にサーバーにメールを保管するIMAP

　POPでは基本的に受信時にサーバー側のメールを削除するので、クライアント側に受信メールを保管しておく容量が必要になります。IMAPではメールデータは常にサーバー側で管理し、クライアントではメールを読むときに一時的にデータをダウンロードします。ストレージ容量が小さいスマートフォンなどで活用されています。

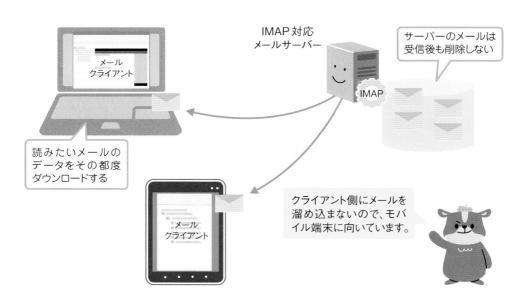

# 06 パソコンのファイル共有

「ファイル共有」は、共有フォルダーを作成して、その中に保存したファイルを外部から利用できるようにするサービスです。

## ピアツーピア型の通信

　パソコンで使われる**ファイル共有**は、お互いがサーバーにもクライアントにもなる**ピアツーピア型**を採用しています。特定のサーバーを用意することなく、パソコン同士をネットワーク接続するだけで利用することができます。また、ネットワーク接続ハードディスク（NAS）は、ファイル共有プロトコルに対応した一種のコンピューターなので、同じようにファイル共有に参加させることができます。

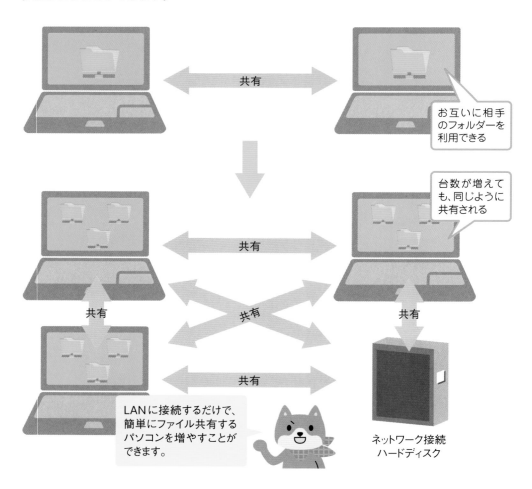

共有

お互いに相手のフォルダーを利用できる

共有

台数が増えても、同じように共有される

共有　　　共有　　　共有

共有

LANに接続するだけで、簡単にファイル共有するパソコンを増やすことができます。

ネットワーク接続ハードディスク

# 共有相手のパソコンを探す

　ファイル共有はピアツーピア型なので、中心となって管理する存在がありません。最初はファイル共有可能なパソコンがLAN内に存在するかどうかもわからないので、ファイル共有に参加したパソコンは、他のすべてのパソコンに自分の存在を通知します。それに対して他のパソコンも応答することで、お互いに共有可能であることを知る仕組みとなっています。

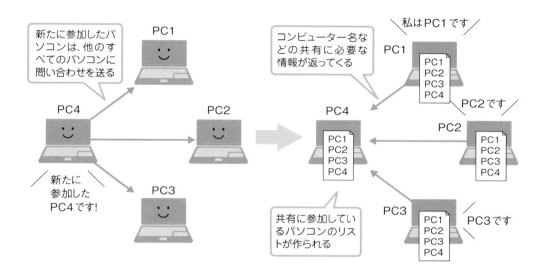

# OSによってプロトコルが異なる

　ファイル共有機能のプロトコルは、Windowsなら **SMB** (Server Message Block)、Macなら **AFP** (Apple Filing Protocol) といったようにOSごとに異なるものが用意されています。ただし、近年はSMBがデファクトスタンダードになると共に、パソコン内に共有フォルダーを作る代わりにネットワーク接続ハードディスク (NAS) を利用することが増えています。結果として、OSごとのプロトコルの違いはあまり問題とならなくなっています。

# 07 ファイルを転送するFTP

「FTP」は、インターネット上のサーバーにファイルを転送する際に使われるプロトコルです。

## サーバーに対してファイルを転送する

**FTP** (File Transfer Protocol) は、ファイル転送用のプロトコルです。LAN内ではファイル共有などのより手軽な転送方法があるので、主にインターネット上のサーバーにファイルを転送する際に使われています。パソコン内のファイルを操作するのと同じように、コマンドを送ってアップロードやダウンロード、フォルダー作成、ファイル削除などの操作を行えます。

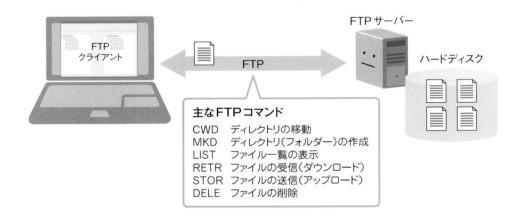

主なFTPコマンド

| | |
|---|---|
| CWD | ディレクトリの移動 |
| MKD | ディレクトリ（フォルダー）の作成 |
| LIST | ファイル一覧の表示 |
| RETR | ファイルの受信（ダウンロード） |
| STOR | ファイルの送信（アップロード） |
| DELE | ファイルの削除 |

### ■ Webページのファイルをアップロードする場合

Webページ制作でHTMLファイルなどをアップロードする際にFTPが利用されています。1台のサーバーコンピューターの中でFTPサーバーとWebサーバーのプログラムを稼働させておくと、FTPでアップロードしたファイルをそのままHTTPを利用して公開できます。

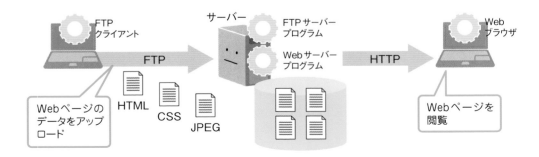

## コントロールコネクションとデータコネクション

FTPでは、コマンドを送るための**コントロールコネクション**とファイルを送るための**データコネクション**の2つの接続を利用します。ファイルの転送中もコマンドを送ることができるので、転送を中断するといったことも可能です。

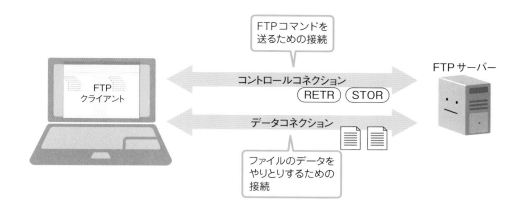

## アクティブモードとパッシブモード

ファイアウォールやブロードバンドルーターは外部から開始された接続を拒否するので（P.107参照）、サーバーからのデータコネクションを遮断してしまうことがあります。その場合はFTPを**パッシブモード**にすると、クライアント側からデータコネクションの接続を開始するようになり、ファイアウォール越しでもファイル転送できるようになります。

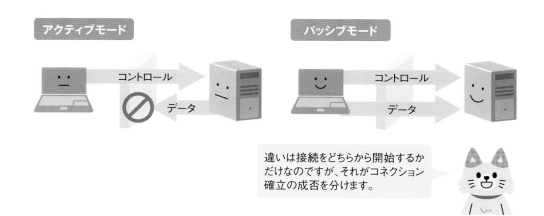

違いは接続をどちらから開始するかだけなのですが、それがコネクション確立の成否を分けます。

# 08 コンピューターの遠隔操作

コンピューターを遠隔操作するプロトコルには、コマンドベースのものやGUI向けのものなどがあります。

## サーバーをコマンドで操作する

Telnet や SSH は、遠隔地のコンピューターをコマンドで操作するためのプロトコルです。サーバー用のコンピューターは遠隔地のデータセンターなどに設置されていることが多いため、一般的にTelnet ／ SSHで操作します。Telnet ／ SSHは、Windowsのコマンドプロンプトなどから入力するテキストベースのコマンドをそのまま転送するので、いったん接続が完了した後は、コンピューターの前にいるときと同じように遠隔地から操作することができます。

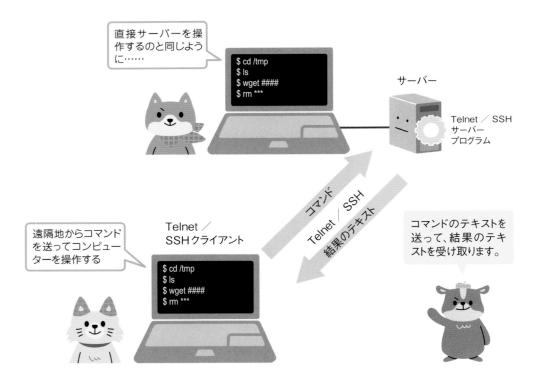

直接サーバーを操作するのと同じように……

```
$ cd /tmp
$ ls
$ wget ####
$ rm ***
```

サーバー

Telnet ／ SSH
サーバー
プログラム

遠隔地からコマンドを送ってコンピューターを操作する

Telnet ／
SSHクライアント

```
$ cd /tmp
$ ls
$ wget ####
$ rm ***
```

コマンド
Telnet ／ SSH
結果のテキスト

コマンドのテキストを送って、結果のテキストを受け取ります。

現在は通信を暗号化できる SSH が主に用いられています。詳しくは P.164 で解説

# パソコンのデスクトップを操作する

　コマンドベースだけでなく、パソコンのGUIインターフェースを遠隔地から操作するツールやプロトコルもあります。Windows用のリモートデスクトップ（プロトコルはRDP＝
リモート デスクトップ プロトコル
Remote Desktop Protocol）や、汎用のVNC（Virtual Network Computing、プロトコルは
バーチャル ネットワーク コンピューティング
リモート フレームバッファ
RFB＝Remote FrameBuffer）などが代表的です。クライアントがマウスやキーボードの操作を送って、サーバーがデスクトップの画面イメージを送り返すため、画面イメージのデータサイズを小さく圧縮する技術が盛り込まれています。

## ■ シンクライアント

　リモートデスクトップの応用例として、仮想OSとシンクライアント（低スペックな端末専用PC）を組み合わせたサービスがあります。1台のサーバーコンピューター内で複数の仮想OSを動かし、それをリモートデスクトップで遠隔操作します。

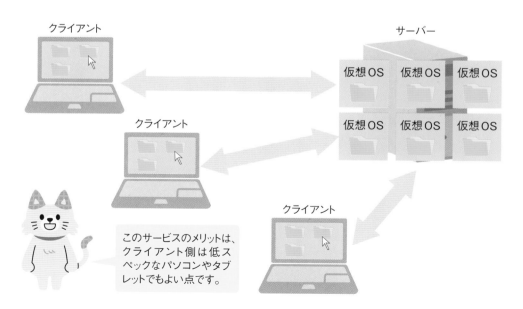

このサービスのメリットは、クライアント側は低スペックなパソコンやタブレットでもよい点です。

# 09 Voice over IP／動画ストリーミング

インターネットで音声や動画を送る場合、データサイズを圧縮したり、小分けに送ったりするなどの工夫が施されています。

## ◤ リアルタイムで音声や動画を送るための技術

　コンピューター上で音声や動画を送るサービスも、現在では日常的なものになっています。インターネット通話サービス（Voice over IP）としてはLINEなどが有名ですが、スマートフォンでもVoIPが主流となっています。音声や動画の場合、メールなどのテキストベースの通信に比べてデータサイズが非常に大きいため、信頼性よりも速度を優先するUDPを利用したり、データを圧縮したり、届いた部分からどんどん再生していったり（ストリーミング）する特徴があります。

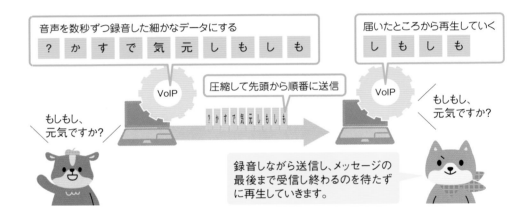

## ■ 送信中に一部欠落しても気にしない

動画や音声の通信では高速なUDPが使われます。詳しくはP.76で解説

## クライアントサーバー方式を組み合わせる

　音声／動画による通話サービスでは、サーバーを介さずにパソコンやスマートフォン同士が直接通信するピアツーピア型が一般的です。ただし、ピアツーピア型では通信相手を探すのが難しいため、最初はディレクトリサーバーに接続して相手を探し、通話時にピアツーピア型の直接通信に切り替えるハイブリッド方式が採用されています。

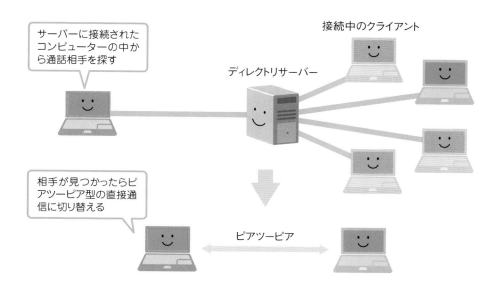

接続中のクライアント

サーバーに接続された
コンピューターの中か
ら通話相手を探す

ディレクトリサーバー

相手が見つかったらピ
アツーピア型の直接通
信に切り替える

ピアツーピア

## 動画共有／配信サービスが利用するプロトコル

　音声や動画用のプロトコルはあまり一般的ではないため、ファイアウォールなどで通信が遮断されてしまうことがあります。そのため、動画共有／配信サービスでは、動画データをHTTPを使って送る技術を採用しています。HTTPならブロックされることはまずないので、より多くの環境で再生できます。

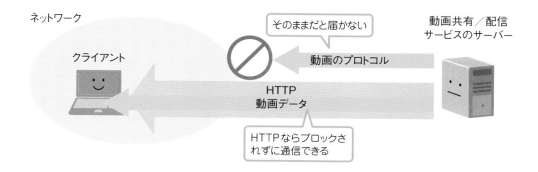

ネットワーク

そのままだと届かない

動画共有／配信
サービスのサーバー

クライアント

動画のプロトコル

HTTP
動画データ

HTTPならブロックさ
れずに通信できる

# 10 Chromeデベロッパーツールで HTTPメッセージを見る

ここではWebブラウザの「Google Chrome」を利用して、WebブラウザとWebサーバーがHTTPメッセージをやりとりする様子や、クッキーの受け渡しなどを見てみましょう。

## Chromeデベロッパーツール

Webページの閲覧中はWebブラウザとWebサーバーの間でHTTPメッセージがやりとりされています。その様子をChrome (https://www.google.co.jp/intl/ja/chrome/) のデベロッパーツールでのぞいてみましょう。まずはChromeをインストールし、右上のメニューボタンからデベロッパーツールを表示します。[ネットワーク] タブを選択すると、HTTPメッセージのやりとりを見ることができます。

## リクエストとレスポンスを見る

［ネットワーク］タブを表示した状態で、「https://www.google.co.jp/」にアクセスしてみましょう。すると、Webページを表示するまでの間にやりとりされたHTTPリクエストの一覧が表示されます。HTMLのアイコンをクリックすると、HTTPメッセージを見ることができます。

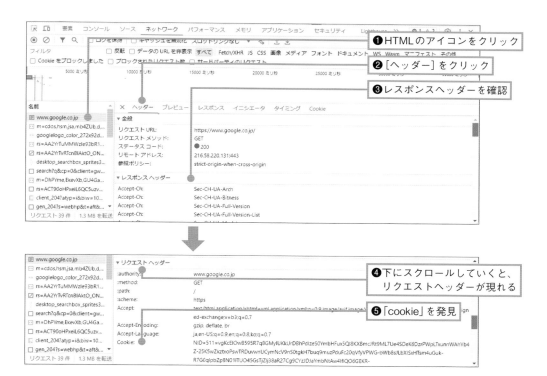

## クッキーを確認する

上記の手順に続いて［Cookie］タブをクリックすると、やりとりされたクッキーを見ることができます。

## MIME

　電子メールには添付ファイルを付けたり、HTMLメールにして書式を設定したりすることができますが、それを実現するのがMIME (Multipurpose Internet Mail Extensions) です。電子メール本来の仕様では、本文に含められるのは英数字 (7ビット US-ASCII) だけなのですが、MIMEに従って添付ファイルなどのデータを英数字の組み合わせに変換することで、メール内にテキストとして記述可能にします。英語ではない日本語のメールを書けるのもMIMEのおかげです。

　実際にMIMEを使ったメールデータを見てみましょう。「Content-Type」で記述するデータの種類を指定します。種類が「multipart/mixed」の場合は、このメールは本文と添付ファイルなど複数のパートで構成されることを表し、「boundary=」で指定した文字列がパートの境界になります。

　また、種類が「text/plain」の場合は続くデータはテキストの本文であることを、「image/jpeg」の場合はJPEGの画像ファイルであることを意味します。

　Content-Typeの後に続くデータの種類を表す文字列のことをMIMEタイプと呼び、HTTPでもWebページのデータをやりとりする際に使われています。

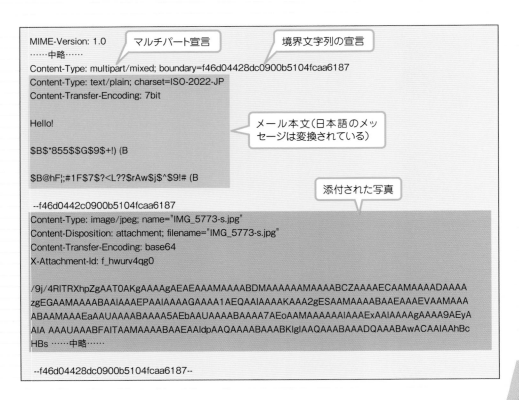

chapter 03

# トランスポート層

# この章の
# ねらい

## データを仕分けするトランスポート層

皆さんはWebブラウザで複数のWebページを同時に閲覧しているときに、なぜデータが混信しないのだろうと不思議に思ったことはないでしょうか？　コンピューターからコンピューターへデータが送られる様子はイメージできるものの、コンピューターの中でデータがプログラムまで届く過程は「よくわからないけど、何となくうまくやっているのだろう」と考えていた方も少なくないと思います。その謎を解く鍵は、この第3章で説明するトランスポート層がにぎっているのです。

さまざまなコンピューターから送られて来たデータは、トランスポート層で仕分けされ、適切なアプリケーション層のプログラムへと渡されます。仕分けの目印となるのが、送り先に応じて付けられるポート番号です。この章では、そのあたりの仕組みをじっくり解説していきます。

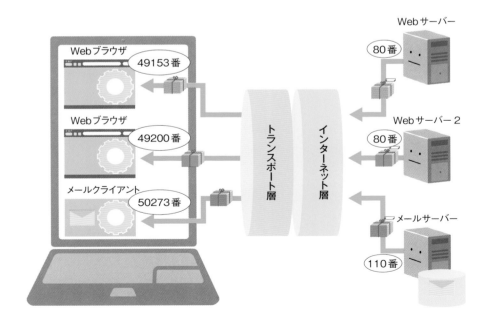

# TCPの秘密

　アプリケーション層には多数のプロトコルが存在しましたが、トランスポート層以下はその数がグッと少なくなります。トランスポート層の代表的なプロコトルはTCPとUDPの2つです。TCPはWebや電子メールなど確実性を重視する通信に、UDPはVoIPやビデオ配信など速度を重視する通信に使われます。

　インターネット技術全体を指す「TCP/IP」というキーワードに含まれるだけに、TCPは多くの通信によって用いられ、非常に重要な働きをしています。TCPは確実性を重視して通信するというわりに、Webページが見られなくなったり、電子メールが届かなかったりすることがあるじゃないか、と思うかもしれませんが、それはTCPですらどうしようもないときに起きる現象なのです。逆の言い方をすると、TCPを使わないUDPによる通信やインターネット層だけの通信では、巨大なインターネットの中でデータが宛先まで届かずに消えてしまうことがよくあるのです。そんな環境の中で、TCPがどうやって相手の状況を知り、確実に届くようにしているのか……といった話もこの章で解説します。

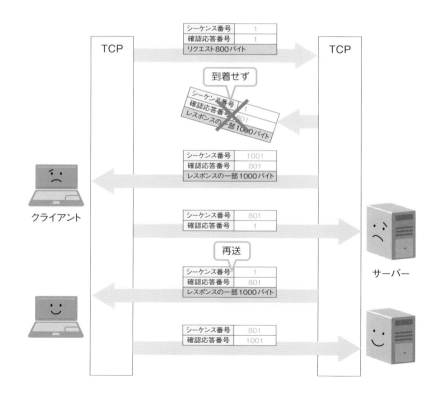

# 01 トランスポート層の役割

「トランスポート層」の役割は、宛先のアプリケーションにデータを届けることです。信頼性重視のTCPと速度重視のUDPの2種類があります。

## トランスポート層はアプリケーションにデータを届ける

**トランスポート層**は、アプリケーション層とインターネット層の間に位置します。インターネット層の役割がデータを目的のコンピューターまで届けることであるのに対し、トランスポート層は届いたデータを適切なアプリケーションに渡すのが主な役割です。

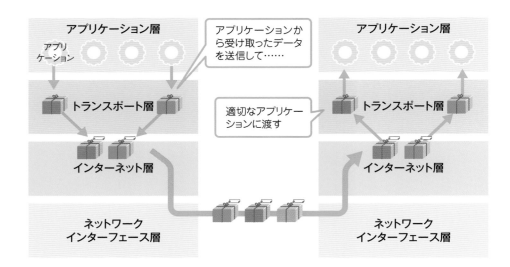

### ■ ポート番号でアプリケーションを区別する

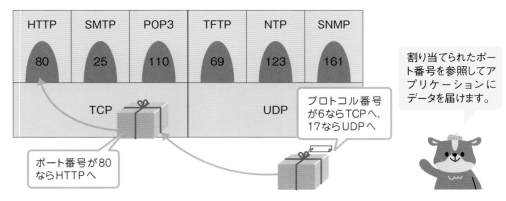

| HTTP | SMTP | POP3 | TFTP | NTP | SNMP |
|------|------|------|------|-----|------|
| 80 | 25 | 110 | 69 | 123 | 161 |

TCP / UDP

割り当てられたポート番号を参照してアプリケーションにデータを届けます。

プロトコル番号が6ならTCPへ、17ならUDPへ

ポート番号が80ならHTTPへ

## 確実にデータを届けるTCP

　トランスポート層の**TCP**というプロトコルは、データが確実に届くようにするために、送信速度の調整や、届かなかったデータの再送などを行います。

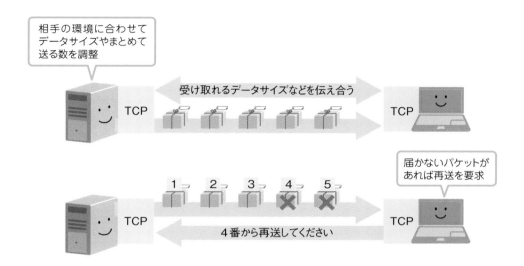

## 通信速度を重視するUDP

　VoIP（インターネット電話）のようにリアルタイムの通信が必要な場合は、速度重視の**UDP**を利用します。ポート番号によるアプリケーションの区別以外は何もしないため、その分通信が高速になります。

# 02 ポート番号

データをアプリケーション層のどのプロトコルに渡せばよいかは、「ポート番号」で識別します。

## ポート番号はコンピューターの中の届け先を表す

トランスポート層には、インターネット層からさまざまな種類のパケットが届けられます。これをアプリケーション層の適切なプロトコルに渡さなければいけません。その識別に使われるのが**ポート番号**です。

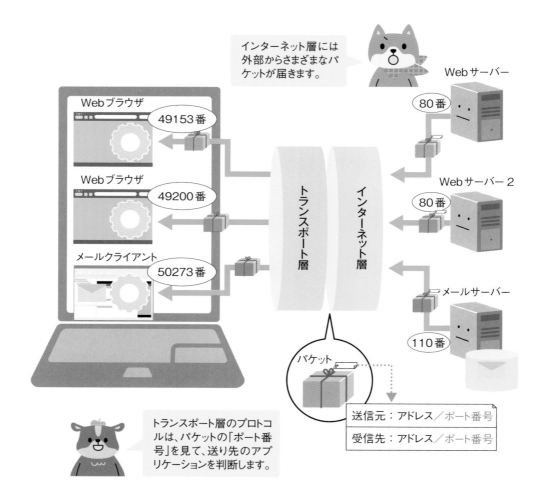

インターネット層には外部からさまざまなパケットが届きます。

Webサーバー

80番

Webブラウザ
49153番

Webブラウザ
49200番

Webサーバー2

80番

メールクライアント
50273番

トランスポート層

インターネット層

メールサーバー

110番

パケット

送信元：アドレス／ポート番号

受信先：アドレス／ポート番号

トランスポート層のプロトコルは、パケットの「ポート番号」を見て、送り先のアプリケーションを判断します。

# ポート番号の範囲

　ポート番号は0 〜 65535番の数値を利用し、範囲によって「システムポート」「ユーザーポート」「ダイナミックポート」の3つに分かれています。システムポートは代表的なアプリケーションプロトコルの待ち受けポートとして利用される番号です。

| システムポート | ユーザーポート | ダイナミックポート |
|---|---|---|
| 0 〜 1023番 | 1024 〜 49151番 | 49152 〜 65535番 |
| サーバープログラムが待ち受けに利用するポート | メーカーが割り当てを受けて利用するポート | クライアントプログラムが利用するポート |

IANAという団体によって管理されている

## ■ 主なシステムポート

| ポート番号 | 対応するプロトコル |
|---|---|
| 20番 | FTP（アクティブモードのデータコネクション。パッシブモードではランダムなポート番号が使われる） |
| 21番 | FTP（コントロールコネクション） |
| 22番 | SSH（遠隔操作） |
| 23番 | Telnet（遠隔操作） |
| 25番 | SMTP（メール） |
| 80番 | HTTP（Web） |
| 110番 | POP3（メール） |
| 143番 | IMAP4（メール） |

サーバー側が利用するポート番号はあらかじめ決められています。

## ■ クライアントが利用するポート番号はそのつど変化する

Webブラウザ

49153番

そのとき空いているポート番号を割り当てる

ダイナミックポート
49152 〜 65535番

Webブラウザ

49200番

50273番

メールクライアント

クライアントが利用するポート番号はダイナミックポートの範囲から自動的に割り当てられるので、どれが何番を使うかは決まっていません。

# クライアントとサーバーの接続が
# 完了するまでの流れ

　クライアントとサーバーが通信する場合は、まずクライアント側が利用するポート番号を決めてから、サーバー側のポートに接続します。HTTPの場合はサーバー側の待ち受けポートは80番なので、80番宛てに接続します。クライアントであるWebブラウザはダイナミックポートを利用するので、利用するポート番号は決まっていません。

## ①クライアント側ポートの割り当て

ダイナミックポート

49152〜65535番

Webブラウザ

49153番

Webブラウザが利用する
ポートを割り当ててもらう

Webサーバー

80番

Webサーバーは80番
ポートで待ち受けている

## ②サーバーへの接続要求

Webブラウザ

49153番

目的のWebサーバー
の80番ポートに対し
て、接続を要求する

Webサーバー

80番

## ③接続確立

Webサーバーが接続
を受け入れると、通信
可能な状態になる

Webブラウザ

49153番

通信が終わったら
ポートを解放する

Webサーバー

80番

# データ転送中のシーケンス番号はどう変化する？

コネクション確立時は**シーケンス番号**を1ずつ加算しますが、データ転送中は送ったデータのバイト数を加算します。また、受け取ったデータのバイト数は**確認応答番号**に加算するので、2つの番号を見れば、何バイトのデータをやりとりしたかがわかります。

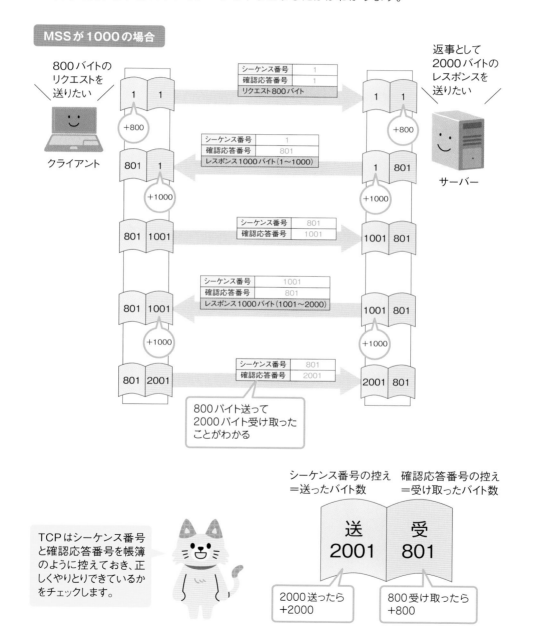

**MSSが1000の場合**

800バイトのリクエストを送りたい

クライアント

返事として2000バイトのレスポンスを送りたい

サーバー

| シーケンス番号 | 1 |
| 確認応答番号 | 1 |
| リクエスト800バイト | |

+800

| シーケンス番号 | 1 |
| 確認応答番号 | 801 |
| レスポンス1000バイト（1〜1000） | |

+1000

| シーケンス番号 | 801 |
| 確認応答番号 | 1001 |

| シーケンス番号 | 1001 |
| 確認応答番号 | 801 |
| レスポンス1000バイト（1001〜2000） | |

+1000

| シーケンス番号 | 801 |
| 確認応答番号 | 2001 |

800バイト送って2000バイト受け取ったことがわかる

シーケンス番号の控え＝送ったバイト数

確認応答番号の控え＝受け取ったバイト数

**送 2001**　**受 801**

2000送ったら+2000

800受け取ったら+800

TCPはシーケンス番号と確認応答番号を帳簿のように控えておき、正しくやりとりできているかをチェックします。

## ■ 送信失敗を判断する

インターネット上の通信では、一部のパケットが届かなかったり、届いたのにその確認応答のパケットが届かなかったりすることもあります。送信側は一定時間待っても確認応答が届かない場合、最後に確認応答をもらったところからデータを再送します。

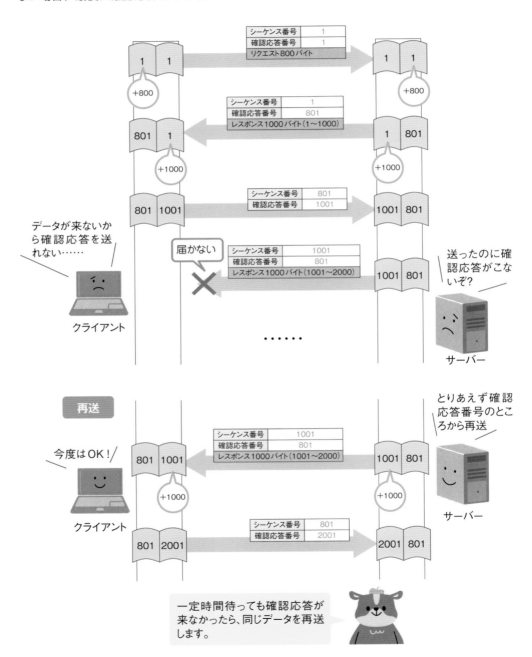

データが来ないから確認応答を送れない……

届かない

送ったのに確認応答がこないぞ？

クライアント

サーバー

| シーケンス番号 | 1 |
| 確認応答番号 | 1 |
| リクエスト800バイト | |

| シーケンス番号 | 1 |
| 確認応答番号 | 801 |
| レスポンス1000バイト（1～1000） | |

| シーケンス番号 | 801 |
| 確認応答番号 | 1001 |

| シーケンス番号 | 1001 |
| 確認応答番号 | 801 |
| レスポンス1000バイト（1001～2000） | |

**再送**

とりあえず確認応答番号のところから再送

今度はOK！

クライアント

サーバー

| シーケンス番号 | 1001 |
| 確認応答番号 | 801 |
| レスポンス1000バイト（1001～2000） | |

| シーケンス番号 | 801 |
| 確認応答番号 | 2001 |

一定時間待っても確認応答が来なかったら、同じデータを再送します。

# まとめて送って通信を高速化する

　確認応答を待ってから次のデータを送るのでは、通信が完了するまでに時間がかかってしまいます。TCPは確認応答を待たずに、まとめてデータを送信することで通信を高速化することができます。

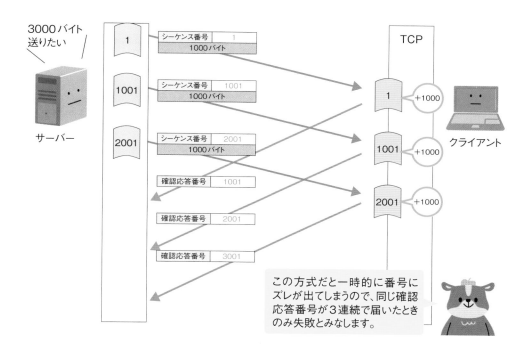

この方式だと一時的に番号にズレが出てしまうので、同じ確認応答番号が3連続で届いたときのみ失敗とみなします。

## まとめて受信できる量を知らせる

　まとめて送る量が多すぎると受信側が処理しきれなくなることがあります。サーバーとクライアントはどちらもデータを一時的に溜めておく**バッファ**という記憶領域を持っているので、TCPヘッダーの**ウィンドウサイズ**にバッファの空き容量を入れて送ることで、お互いがどのぐらいまでまとめて受信できるかを伝え合います。

## ■ まとめて受信できる量を調整する

　受信側は届いたパケットをバッファに溜めていくのと並行して、バッファからデータを取り出して処理していきます。ところが、パソコンの性能が低い場合などに処理が通信速度に追いつかなくなることがあります。そこで受信側は確認応答にウィンドウサイズをセットしておいて、どの程度受信可能かを送信側に伝えます。このしくみを**フロー（流量）制御**といいます。

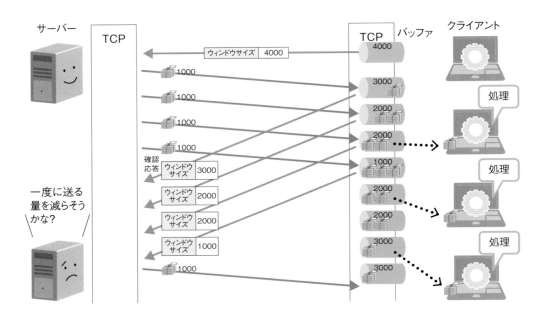

## ■ バッファが満杯になってしまったら

　バッファが満杯になるとウィンドウサイズ0の確認応答が送られ、データの送信はいったんストップします。送信再開のタイミングを知るために、送信側は**ウィンドウプローブ**と呼ばれるパケットを送り、その確認応答でウィンドウサイズを調べます。

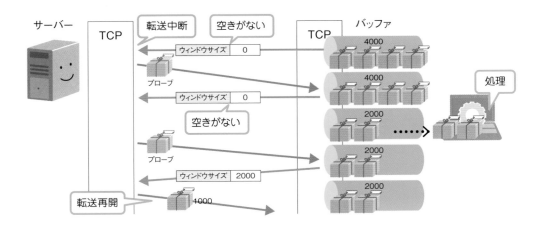

# ネットワークの混雑を検出する

　バッファに空きがあっても、ネットワークの経路の途中が混雑していて通信速度を落とさなければならない場合もあります。その場合はインターネット層のヘッダー内にある混雑フラグがオンになるので、ECEフラグとCWRフラグで通信相手とやりとりして通信速度を落とします。

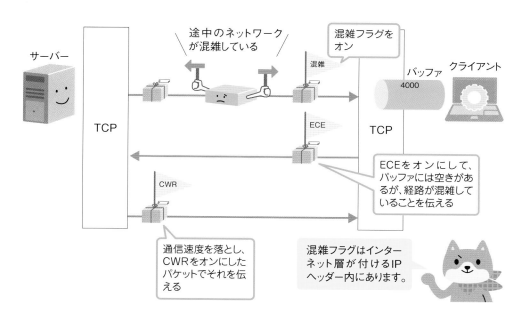

---

**Note** 途中の抜け落ちたパケットだけを再送する

　セグメント番号と確認応答番号による再送の仕組みでは、途中のパケットが抜け落ちた場合、それ以降を全部送り直す必要が出てきます。そのような非効率を解消するために、特定のパケットだけを再送する「選択確認応答（SACK）」という仕組みも用意されています。

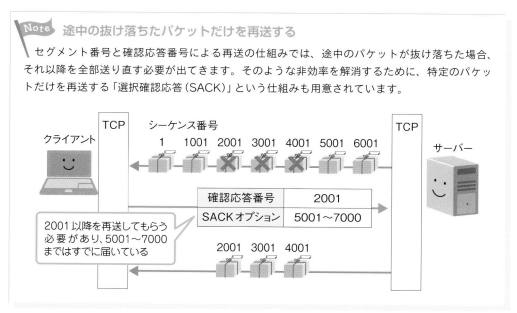

# 04 UDPが高速に通信する仕組み

VoIPや動画配信など、信頼性よりも速度が重要な場合は「UDP」が利用されています。

## ◤ UDPはただ送るだけのプロトコル ◢

　**UDP** (User Datagram Protocol) は、TCPに比べると非常にシンプルなプロトコルで、単純にデータを送ることしかしません。当然、データの抜け落ちなどが発生しますが、VoIPなどの音声・映像を送るサービスではデータが脱落してもノイズが入る程度の問題しかないので、主にUDPが使われています。

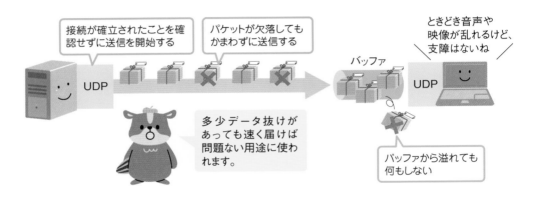

接続が確立されたことを確認せずに送信を開始する

パケットが欠落してもかまわずに送信する

ときどき音声や映像が乱れるけど、支障はないね

バッファ

多少データ抜けがあっても速く届けば問題ない用途に使われます。

バッファから溢れても何もしない

VoIPや動画配信について、詳しくはP.54で解説

### ■ UDPヘッダー

データグラム

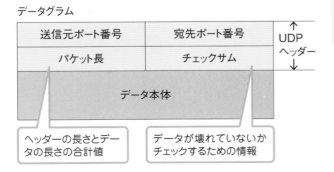

| 送信元ポート番号 | 宛先ポート番号 | ↑ UDP ヘッダー ↓ |
|---|---|---|
| パケット長 | チェックサム | |
| データ本体 | | |

ヘッダーの長さとデータの長さの合計値

データが壊れていないかチェックするための情報

UDPではパケットに相当するものを「データグラム」と呼びます。

## ブロードキャストとマルチキャスト

　TCPにない機能として、UDPには**ブロードキャスト**や**マルチキャスト**という、1つのパケットを複数の相手に送る機能があります。たとえば、ファイル共有（P.48参照）やDHCP（P.114参照）などで、ネットワーク内の複数のパソコンや機器に問い合わせを送る場合などに、ブロードキャストが利用されています。

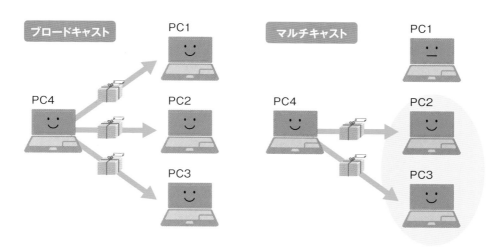

マルチキャストではクラスDのアドレスを利用します。詳しくは**P.91**で解説

## UDPをアプリケーション層で補う

　リアルタイム性の高いオンラインゲームなどでも速度を重視するUDPが使われますが、確実にデータを届ける信頼性もそれなりに必要となってきます。そのようなケースでは、アプリケーション層がフロー制御や再送、混雑対策などを行うことがあります。

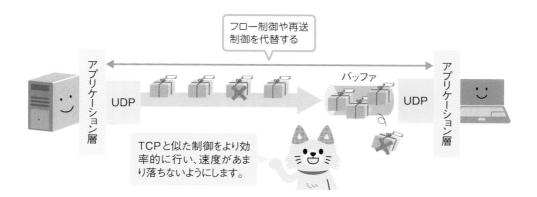

# 05 netstatコマンドで ネットワークの状態を見る

「netstat」は他のコンピューターとの接続を一覧表示できるコマンドです。netstatコマンドを使って通信状態を確認してみましょう。

## netstatコマンドを実行する

　TCPやUDPはWebブラウザなどのバックグラウンドで動いているものなので、それ自体が直接結果を出すことはありませんが、いくつか状態を見る方法が用意されています。その1つが**netstat**コマンドです。netstatは接続状態を調べ、IPアドレスやプロトコル、ポート番号などを一覧表示してくれます。

　コマンドプロンプトを起動して「**netstat -n**」と入力してみましょう。netstatがコマンド名、-nはオプションです。netstatと-nの間は半角スペースを空けてください。

　-nは、IPアドレスとポート番号を数字で表示しろという意味です。これを付けないと第4章で説明するホスト名（P.110参照）とプロトコル名を組み合わせた形で表示されます。

❶コマンドプロンプトを起動
❷「netstat -n」と入力して［Enter］キーを押す
❸アクティブな接続の一覧が表示される

トランスポート層のプロトコル
パソコンのIPアドレス：ポート番号
通信相手のIPアドレス：ポート番号
接続の状態

　ローカルアドレスの列の192.168.1.157はnetstatコマンドを実行したパソコンのIPアドレスで、49420などの数字がポート番号です。49152番以降なので、ダイナミックポート番号だとわかります。外部アドレスは通信相手のコンピューターを表しており、ポート番号は443番などになっています。これはHTTPS（P.163参照）というプロトコルが使用する番号なので、現在、セキュリティを強化したWebサーバーとの通信が行われているのだとわかります。

### ■■「状態」列の表示

| 状態 | 意味 |
|---|---|
| ESTABLISHED | TCPによる接続が確立し、通信している。 |
| LISTEN | サーバーが待ち受け状態にあることを表す（-aオプションを付けたときに表示される）。 |
| TIME_WAIT | 接続を終了しようとしている。 |

# FTPの転送を確認する

　HTTPやHTTPSは、1回のやりとりで終了するステートレス型のプロトコルなので、通信がすぐに切れてしまいます。通信中の変化を見るために、指示するまで接続を終了しないFTPで試してみましょう。何らかのFTPソフト（ここではFFFTPを使っています）を起動し、FTPサーバーに接続してからnetstatコマンドを実行してみてください。21番ポート（FTPのコントロールコネクション）を使用した通信が行われていることが確認できるはずです。

サーバーの21番ポート（FTPコントロールコネクション）と接続している

　次に、FTPでファイルの転送を開始してから、もう一度netstatコマンドを実行してみましょう。同じIPアドレスの異なるポート番号との通信が開始されます。これがFTPのデータコネクションです。この例ではパッシブモードで接続しているので、ポート番号はランダムです。

❶ファイルの転送を開始すると……

❷データコネクションでの通信が開始される

# パケットキャプチャツール

　P.78で紹介したnetstatコマンドでは、かなり大まかな通信状態しか確認できません。ネットワークの通信をより細かく見たい場合は、パケットキャプチャツールと呼ばれる、通信中のパケットをリアルタイムで監視するツールを利用します。ソフトウェアやハードウェアなどさまざまなタイプのパケットキャプチャツールがあります。

　下の図で利用しているのは、Wireshark（https://www.wireshark.org/）というパケットキャプチャツールです。1パケットずつ、使用したポート番号、サイズ、TCPヘッダー、パケットの内容などが表示されるので、第3章で説明してきたTCPによる通信の様子を確認することができます。

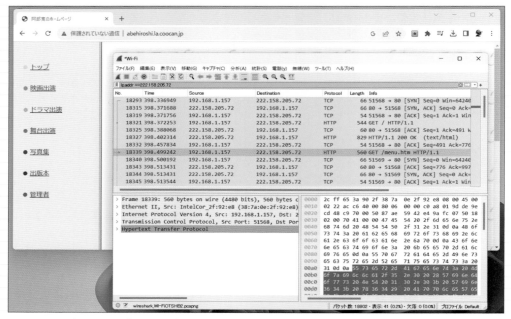

パケットキャプチャツール「Wireshark」でWebページ閲覧中の通信を監視している。TCPの接続確立から始まり、HTTPメッセージのやりとりなどデータ転送が行われている様子を一通り見ることができる。なお、HTTPSの場合はプロトコル欄に「TLS」と表示され、通信が暗号化されていて内容を見ることができない。

# インターネット層とルーティング

## この章の ねらい

### ■ コンピューターに割り振られるIPアドレス

　第4章で扱うインターネット層の役割は、宛先のコンピューターまでデータを届けることです。そのためには世界中にある無数のコンピューターを区別する必要があるので、各コンピューターには「IPアドレス」という重複しない識別番号が割り振られています。

　IPアドレスはよく郵便番号や電話番号にたとえられますが、宛先・通話先を示すという点では当てはまるものの、大きく異なる部分もあります。郵便番号は頭3桁が「101」であれば東京都千代田区内の住所を、電話番号は頭2桁が「03」であれば東京都区内に設置されている固定電話を表します。それに対し、IPアドレスは地理的な位置とは関連していません。その代わり、ネットワーク単位でまとめて割り当てられるので、IPアドレスを見ればそのコンピューターがどこのネットワークに所属しているかがわかります。また、ネットワークの規模などもIPアドレスから推測できます。第4章では、このようなIPアドレスの見方、割り当て方などについて解説していきます。

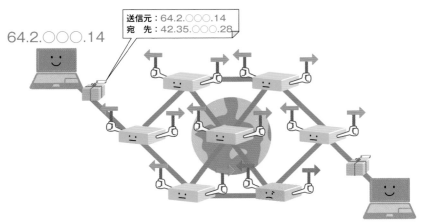

64.2.○○○.14

送信元：64.2.○○○.14
宛　先：42.35.○○○.28

42.35.○○○.28

インターネット層のプロトコルにはIPv4とIPv6の2種類があり、IPアドレスのビット数などが異なります（P.86参照）。IPv6もすでに普及していますが、一般的なユーザーが接する機会が多いのはIPv4であるため、本書ではIPv4を中心に解説しています。

# ネットワークのつながりをたどる

　IPアドレスは地理的な位置を示さないので、それ以外の何かを手がかりにしてデータを宛先に届ける必要があります。そこで登場してくるのが、「ルーター」というネットワーク機器です。ルーターはどのネットワークとどのネットワークがつながっているかという、ネットワーク同士の関係を知っています。IPアドレスを見れば所属ネットワークがわかりますから、後はネットワーク同士のつながりをたどって宛先までデータを届ければよいわけです。

　このように、インターネット層がデータを届ける仕組みは地理的な距離とは直接関係しないので、手を伸ばせば届く距離にあるのにネットワークのつながりで見るとものすごく遠かったり、逆にネットワークのつながりでは近いのに、地理的には数千キロも離れた海の向こうだったりすることもあるのです。

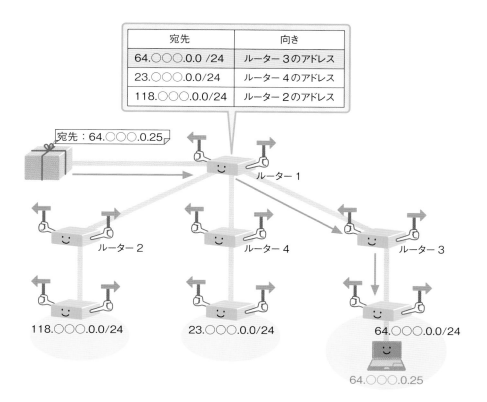

| 宛先 | 向き |
|---|---|
| 64.○○○.0.0 /24 | ルーター3のアドレス |
| 23.○○○.0.0/24 | ルーター4のアドレス |
| 118.○○○.0.0/24 | ルーター2のアドレス |

宛先：64.○○○.0.25

ルーター1

ルーター2　　　ルーター4　　　ルーター3

118.○○○.0.0/24　　　23.○○○.0.0/24　　　64.○○○.0.0/24

64.○○○.0.25

# 01 インターネット層の役割

「インターネット層」のプロトコルは、宛先のコンピューターがどんなに遠くにあってもデータを届けられるよう設計されています。

## ◤ IPアドレスを手がかりにデータを届ける ◢

インターネット層はネットワークインターフェース層と協調して、他のコンピューターにデータを届ける役割を担います。ハードウェアに依存する部分はネットワークインターフェース層が担当するので、インターネット層はIPアドレスという識別子を手がかりにデータを届ける仕組みを提供します。

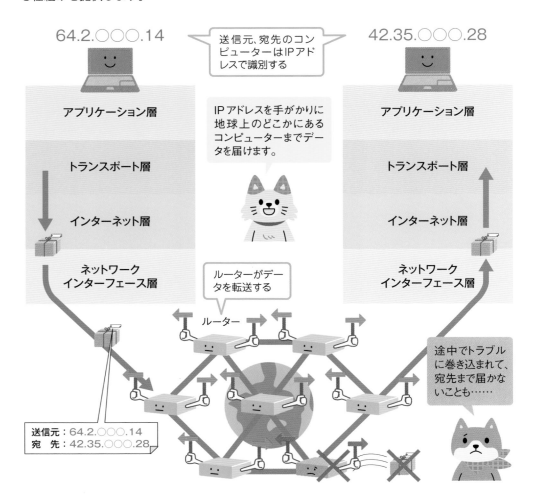

# ルーターとルーティング

データを宛先まで届ける働きをするのが**ルーター**と呼ばれるネットワーク機器です。ルーターはネットワーク同士をつなげる働きをし、宛先までの経路を調べて、そこに届くよう隣接するルーターにデータを転送します。ルーターが経路を探索をすることを**ルーティング**と呼びます。

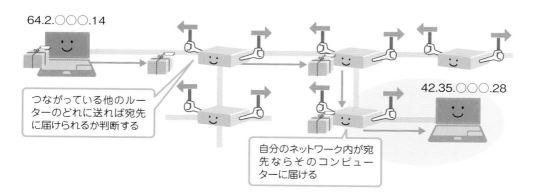

64.2.○○○.14

つながっている他のルーターのどれに送れば宛先に届けられるか判断する

自分のネットワーク内が宛先ならそのコンピューターに届ける

42.35.○○○.28

# IPアドレスを活用するさまざまな仕組み

インターネットの普及に伴い、IPアドレスが不足する恐れが生まれました。アドレスの枯渇を避けるために、プライベートアドレスとグローバルアドレスを使い分ける仕組みや、桁数を大幅に長くしたIPv6が使われています。その他にも、覚えやすいドメイン名と対応付けるDNSなど、さまざまな仕組みに支えられています。

IPv4
192.168.1.14

DNS
www.sbcr.jp ⬅➡ 118.103.○○○.63

IPv6
2408:210:8441:c700:22c9:d0ff:fe8a:8cbd

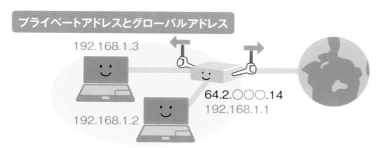

プライベートアドレスとグローバルアドレス

192.168.1.3

64.2.○○○.14
192.168.1.1

192.168.1.2

# 02 IPv4とIPv6

「IPv4」「IPv6」はインターネット層の重要なプロトコルで、利用するIPアドレスのビット数が異なります。

## 32ビットアドレスのIPv4

**IPv4**（Internet Protocol Version 4）は、現在主に使われているインターネット層のプロトコルです。32ビットのIPアドレスでコンピューターを識別します。8ビットずつ10進数で表記します。

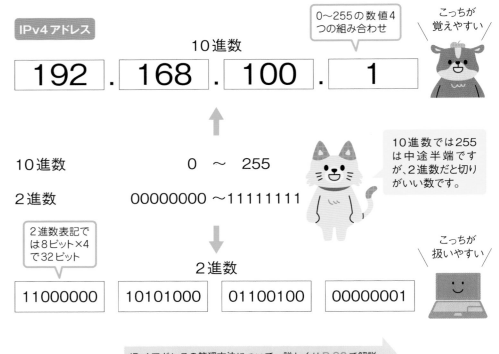

IPv4アドレスの管理方法について、詳しくは **P.90** で解説

> **Note** **IPアドレスが割り当てられるのはインターネット層に対応する機器だけ**
>
> ネットワーク機器でも、ネットワークハブ（L2スイッチ）などのネットワークインターフェース層だけで動作するものにはIPアドレスは割り当てられません。

## IPv4 ヘッダー

IPv4 パケットの**IPヘッダー**には、送信元と宛先のIPアドレスの他に、パケット長などのデータが含まれます。

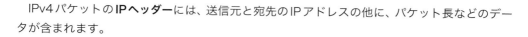

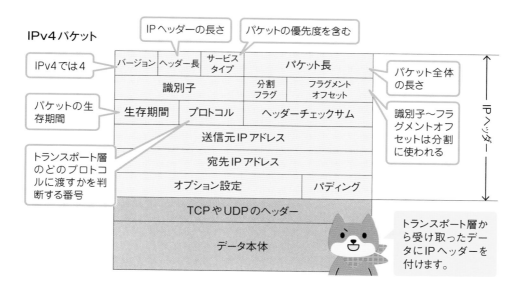

IPv4 パケット

IP ヘッダーの長さ
パケットの優先度を含む

IPv4 では 4

パケットの生存期間

トランスポート層のどのプロトコルに渡すかを判断する番号

| バージョン | ヘッダー長 | サービスタイプ | パケット長 |
| 識別子 | | 分割フラグ | フラグメントオフセット |
| 生存期間 | プロトコル | ヘッダーチェックサム |
| 送信元IPアドレス |
| 宛先IPアドレス |
| オプション設定 | パディング |
| TCPやUDPのヘッダー |
| データ本体 |

パケット全体の長さ

識別子〜フラグメントオフセットは分割に使われる

IP ヘッダー

トランスポート層から受け取ったデータにIPヘッダーを付けます。

## IPパケットには生存期間がある

宛先のコンピューターが存在しない、経路が見つからない、などの理由でパケットが届かないこともあります。到着しないパケットがいつまでもネットワーク内に残っているとネットワークが混雑してしまうため、IPv4ヘッダーに指定してある**生存期間**（TTL＝Time to Live）を超えても到着しない場合は消滅させられます。

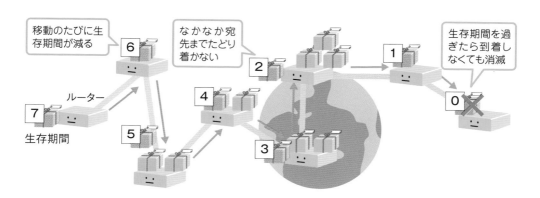

移動のたびに生存期間が減る

6

なかなか宛先までたどり着かない

2

1

生存期間を過ぎたら到着しなくても消滅

0

7
生存期間

ルーター

5

4

3

# 「細い」経路は分割して通り抜ける

　一度に転送できるデータサイズ（**MTU** = Maximum Transmission Unit）は経路によって異なり、途中で小さくなっていることがあります。そのため、ルーターにはMTUに応じてパケットを分割して送る**IPフラグメンテーション**という機能が用意されています。ただし、ルーターの負荷が高くなるといった問題があるため、通常はTCPの最大セグメントのすり合わせ（P.70参照）によってサイズが決められ、IPフラグメンテーションは避けられます。

到着したらパソコンが結合

転送可能なサイズにルーターが分割

## ■ 分割と再構築の仕組み

IPv4ヘッダー

| 識別子 | 分割フラグ | フラグメントオフセット |
|---|---|---|

IPv4ヘッダーには分割のためのフィールドが用意されています。

同じデータかどうかを識別するための16ビットの数値

分割許可フラグと、続きの断片があるかどうかを表すフラグ

元データ中の位置を伝える13ビットの数値

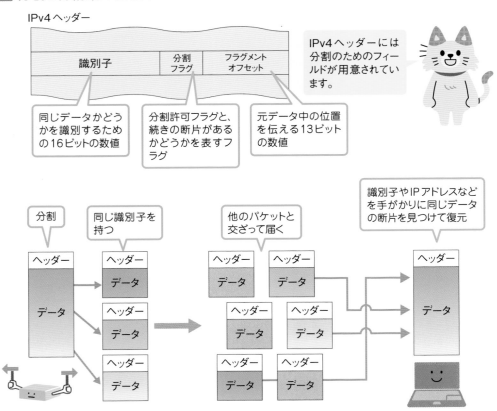

識別子やIPアドレスなどを手がかりに同じデータの断片を見つけて復元

分割

同じ識別子を持つ

他のパケットと交ざって届く

# 128ビットアドレスのIPv6

　インターネットの急激な成長に伴い、IPv4の32ビットアドレスは数に余裕がなくなってしまったため、128ビットのアドレスを持つ**IPv6**への対応が進められています。すでにほとんどのOS、インターネット事業者がIPv6に対応しています。

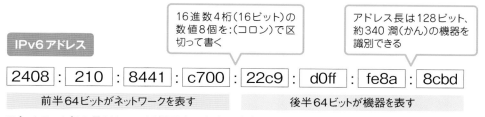

16進数4桁（16ビット）の数値8個を:（コロン）で区切って書く

アドレス長は128ビット、約340潤（かん）の機器を識別できる

**IPv6アドレス**

| 2408 | : | 210 | : | 8441 | : | c700 | : | 22c9 | : | d0ff | : | fe8a | : | 8cbd |

前半64ビットがネットワークを表す　　　　後半64ビットが機器を表す

※ネットワーク部の長さはIPv4同様可変ですが、一般的に前半64ビットが使われます。

**連続する0の省略**

FF01:0:0:0:0:0:0:101 ➡ FF01::101

0が連続するときは省略して::（コロン2つ）で表せる

**特殊なアドレス**

FE80:○○:○○:○○……

FE80で始まるアドレスは、ネットワーク内部のみで使われる

IPv6はパケット分割やNAT（P.106参照）などを使わず、IPv4より効率よく通信できる設計になっています。

## IPv6とIPv4は並行して使われる

　IPv4とIPv6ではアドレスもパケットの形式も互換性がありません。しかし、並行して使うことは可能で、今後もしばらくは併存するようです。

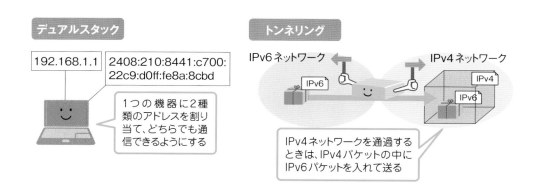

**デュアルスタック**

192.168.1.1　2408:210:8441:c700:22c9:d0ff:fe8a:8cbd

1つの機器に2種類のアドレスを割り当て、どちらでも通信できるようにする

**トンネリング**

IPv6ネットワーク　　　　IPv4ネットワーク

IPv6　　IPv4　　IPv6

IPv4ネットワークを通過するときは、IPv4パケットの中にIPv6パケットを入れて送る

# 03 IPアドレスの活用

IPアドレスを活用するために、「ネットワーク部」と「ホスト部」や、「プライベートアドレス」と「グローバルアドレス」などの種別が決められています。

## ネットワーク部とホスト部

　IPアドレスは**ネットワーク部**と**ホスト部**で構成されています。ホストとは、ネットワークに参加しているコンピューターや機器のことです。ルーターは宛先IPアドレスのネットワーク部を見て、ネットワーク外に送るべきデータかネットワーク内に送るべきデータかを判断します。

## 192.168.1.100
ネットワーク部 　　　　　　　ホスト部

> IPアドレスはネットワークを表す部分と、そこに所属するホストを表す部分で構成されています。

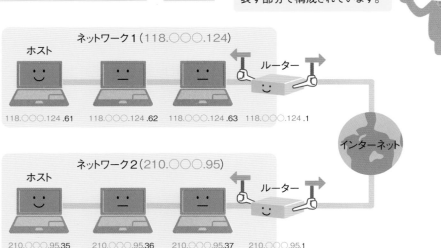

ネットワーク1 (118.◯◯◯.124)

ホスト　　　　　　　　　　　　　　　　ルーター

118.◯◯◯.124.61　118.◯◯◯.124.62　118.◯◯◯.124.63　118.◯◯◯.124.1

ネットワーク2 (210.◯◯◯.95)

ホスト　　　　　　　　　　　　　　　　ルーター

インターネット

210.◯◯◯.95.35　210.◯◯◯.95.36　210.◯◯◯.95.37　210.◯◯◯.95.1

---

**Note** どこまでがネットワーク?

　「ネットワーク」という言葉は複数のコンピューターがつながってデータをやりとりできる状態を指すので、家庭や事務所内のLANはもちろんネットワークですし、インターネット全体を指してネットワークと呼んでも間違いではありません。ただし、インターネット層で使われるネットワークという言葉の意味は、「IPアドレスのネットワーク部を共有するグループ」のことです。ネットワーク部が違っていれば、それは別のネットワークとなり、ルーターなどの機器を介さないと通信することができません。

# アドレスクラス

　あるIPアドレスの何ビットまでがネットワーク部で、残り何ビットがホスト部かは、初期のインターネットでは固定的に決められていました。それが**アドレスクラス**という方法です。

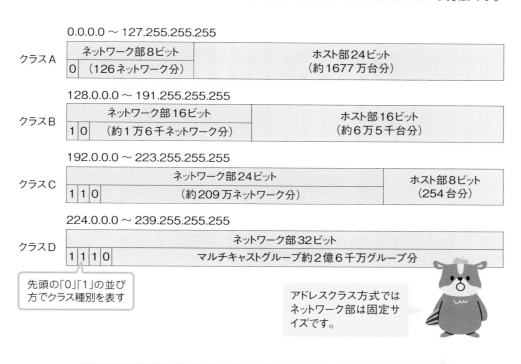

クラスDはマルチキャストで使われる特殊なアドレスです。詳しくは**P.77**で解説

## アドレスクラスの問題

　クラスAのアドレスでは1つのネットワークで約1677万台分のホストにアドレスを割り当てられます。しかし、現実にはそんなに多くのホストを1つのネットワークに所属させることはないので、多くのアドレスが無駄になってしまいます。

# サブネットマスク

**サブネットマスク**を指定すると、アドレスクラスで決められたネットワーク部をビット単位で柔軟に変更することができます。

ネットワーク部を1ビット単位で変更できます。

サブネットマスクの表し方

## 10.1.1.1 /24

このアドレスの先頭24ビット分がネットワーク部になるという意味

このような書き方をCIDR（サイダー）記法と呼ぶ

32ビットで先頭24ビット分が1

10進数で表すと

11111111 11111111 11111111 00000000 ➡ 255. 255. 255.0

## ■ ホストに割り当て可能なアドレス数

ホスト（コンピューターやルーター）に割り当て可能なアドレスの数は、ホスト部のビット数から求められます。

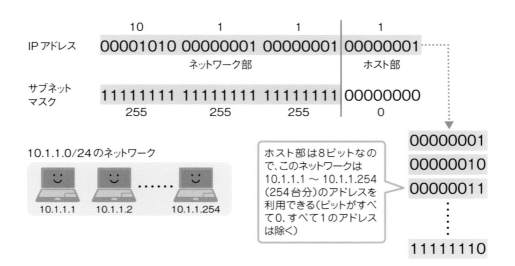

## ■ サブネットマスクでネットワークを細分化できる

　サブネットマスクを利用すると、ネットワークを細分化して異なる**サブネットワーク（サブネット）**として扱えるようになります。ネットワークに含めたいホスト数に応じてサブネットに分割すれば、部署ごと、支社ごと、地域ごとに小さなネットワークにするといった、柔軟な運用が可能になります。

### 10.1.1.0/24のネットワーク

00001010 00000001 00000001 00000000 ◁ ホスト部は8ビットなので254台まで

　　　　　　ネットワーク部　　　　　　ホスト部

サブネットマスクを2ビット長くして26ビットにすると、4つのネットワークに分けられる

10.1.1.0/26

00001010 00000001 00000001 00000000 ◁ ホスト部は6ビットなので62台まで

10.1.1.64/26

00001010 00000001 00000001 01000000

10.1.1.128/26

00001010 00000001 00000001 10000000

10.1.1.192/26

00001010 00000001 00000001 11000000

10.1.1.0/24のネットワーク

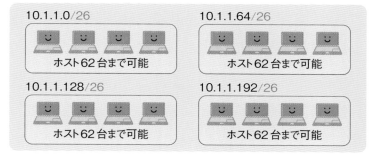

chapter 04　インターネット層とルーティング

> **Note** サブネットマスクは本来の長さより短くできない
>
> 　サブネットマスクで、アドレスクラス本来のネットワーク部を短くすることはできません。ですから、ホスト部が短いクラスCの場合、8ビットをサブネット部とホスト部で分け合うことになるので、あまりメリットがありません。一般的にサブネット分割は、ホスト部が長いクラスA、クラスBのアドレスを利用する場合に使われます。

# 家庭や組織内で自由に使える
# プライベートIPアドレス

**プライベートIPアドレス**は、家庭や組織で自由に使えるアドレスです。直接つながっていなければ、他のネットワークと重複してもかまいません。ただし、そのままではインターネットとは通信できないので、NATなどのアドレス変換技術（P.106参照）を利用してグローバルIPアドレスに変換します。

### プライベートで利用してよいアドレス

クラスAのうち　10.0.0.0　　～　10.255.255.255
クラスBのうち　172.16.0.0　～　172.31.255.255
クラスCのうち　192.168.0.0　～　192.168.255.255

これらの範囲がプライベートIPアドレス、それ以外はグローバルIPアドレスとなります。

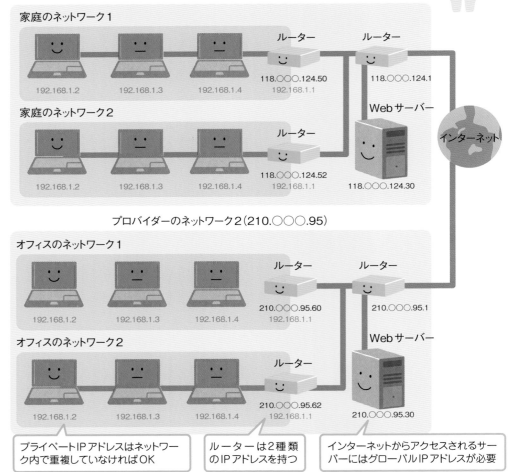

プロバイダーのネットワーク1（118.○○○.124）

家庭のネットワーク1

192.168.1.2　　192.168.1.3　　192.168.1.4

ルーター
118.○○○.124.50
192.168.1.1

ルーター
118.○○○.124.1

Webサーバー
118.○○○.124.30

家庭のネットワーク2

192.168.1.2　　192.168.1.3　　192.168.1.4

ルーター
118.○○○.124.52
192.168.1.1

インターネット

プロバイダーのネットワーク2（210.○○○.95）

オフィスのネットワーク1

192.168.1.2　　192.168.1.3　　192.168.1.4

ルーター
210.○○○.95.60
192.168.1.1

ルーター
210.○○○.95.1

Webサーバー
210.○○○.95.30

オフィスのネットワーク2

192.168.1.2　　192.168.1.3　　192.168.1.4

ルーター
210.○○○.95.62
192.168.1.1

プライベートIPアドレスはネットワーク内で重複していなければOK

ルーターは2種類のIPアドレスを持つ

インターネットからアクセスされるサーバーにはグローバルIPアドレスが必要

# グローバルIPアドレスの管理

**グローバルIPアドレス**はインターネット内で重複してはいけないので、^(アイキャン)ICANNや^(ジェーピーニック)JPNICなどの組織（インターネットレジストリ）によって管理されています。グローバルIPアドレスが必要な場合は、各組織に申請して割り当ててもらわなければいけません。

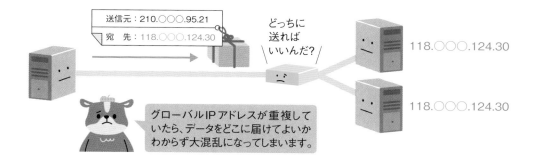

## インターネットレジストリ

**インターネットレジストリ**からプロバイダー（インターネットサービスプロバイダー）にグローバルIPアドレスが割り当てられ、企業や家庭などはプロバイダーから貸し出してもらいます。

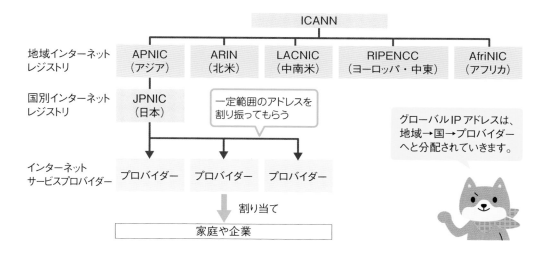

---

> **Note** 予約済みIPアドレス
>
> 　IPアドレスの中には、いくつか特殊な意味のアドレスがあります。「127.0.0.1」はループバックアドレスまたはローカルホストと呼ばれ、そのホスト自身を表します。また、ホスト部のビットをすべて1にすると、すべてのホストを宛先とするブロードキャストアドレスになります。ホスト部のビットがすべて0の場合は、ネットワーク全体を表すネットワークアドレスとなります。

# 04 ルーティングとは？

データを宛先のIPアドレスまで届けるためには、「ルーティング」によって経路を決める必要があります。まずはその概要から説明します。

## ルーティング＝経路の探索

　インターネット上でデータを届けるには、ルーターがどのルーターにつながっているかを調べていき、宛先までの経路を見つけなければいけません。そのための仕組みが**ルーティング**です。なるべく最短の経路を探し、経路途中で障害が発生していたら別ルートを探す必要があります。

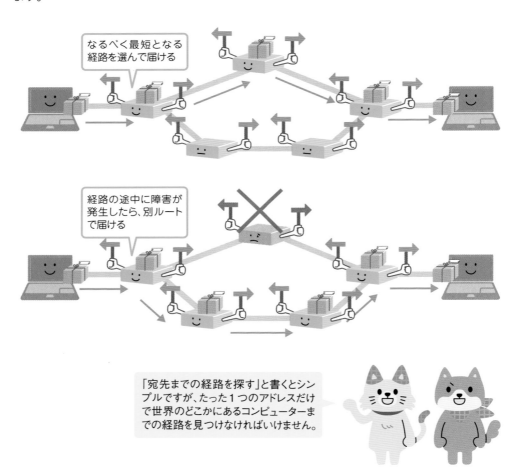

なるべく最短となる経路を選んで届ける

経路の途中に障害が発生したら、別ルートで届ける

「宛先までの経路を探す」と書くとシンプルですが、たった1つのアドレスだけで世界のどこかにあるコンピューターまでの経路を見つけなければいけません。

# ルーティングプロトコル

適切な経路を決めるために、各ネットワークのルーター同士が「どこにつながっているか」という情報を交換し合います。その際にルーティング用のプロトコルが使用されます。**ルーティングプロトコル**にはBGPやOSPF、RIPなどがあります。

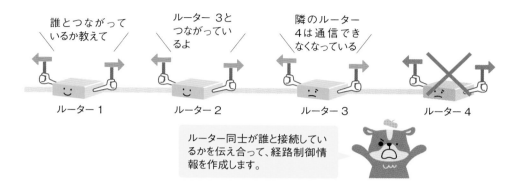

ルーター同士が誰と接続しているかを伝え合って、経路制御情報を作成します。

# 自律システム

大きなプロバイダーのネットワークは、いくつかのネットワークをまとめた「**自律システム**（**AS** ＝ Autonomous System）」を構成しています。細かなネットワークを経由する代わりに、AS間の接続を利用できれば、遠くのコンピューターまでより速く届けることができます。

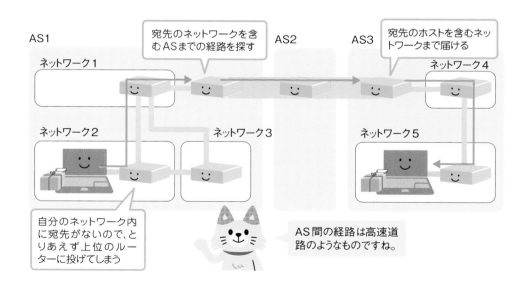

chapter 04 インターネット層とルーティング

# 05 ルーターと ルーティングプロトコル

データ転送を支える「ルーター」の役割と、そこで使われている「ルーティングプロトコル」について解説します。

## ルーターの役割

ルーターの役割は、ネットワークを接続してパケットを転送することです。ネットワークを接続するために、ルーターは複数のIPアドレスを持ち、複数のネットワークに所属しています。

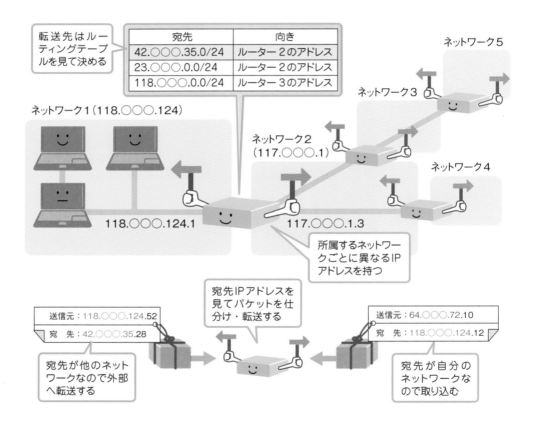

転送先はルーティングテーブルを見て決める

| 宛先 | 向き |
|---|---|
| 42.○○○.35.0/24 | ルーター2のアドレス |
| 23.○○○.0.0/24 | ルーター2のアドレス |
| 118.○○○.0.0/24 | ルーター3のアドレス |

ネットワーク5

ネットワーク3

ネットワーク1（118.○○○.124）

ネットワーク2（117.○○○.1）

ネットワーク4

118.○○○.124.1

117.○○○.1.3

所属するネットワークごとに異なるIPアドレスを持つ

宛先IPアドレスを見てパケットを仕分け・転送する

送信元：118.○○○.124.52
宛　先：42.○○○.35.28

送信元：64.○○○.72.10
宛　先：118.○○○.124.12

宛先が他のネットワークなので外部へ転送する

宛先が自分のネットワークなので取り込む

> **Note** ブロードバンドルーターの場合
>
> 家庭で使われるブロードバンドルーターも、自宅のネットワークのIPアドレスとプロバイダーのネットワークのIPアドレスを持ちます。ただし、ルーティング機能は簡略化されており、外向けのパケットはそのままプロバイダーのルーターに丸投げします。

# ルーティングテーブル（経路制御表）

　ルーターがルーティングの手がかりとするのが、ルーター内部に記憶されている**ルーティングテーブル**という情報です。ルーティングテーブルには、宛先のホストが属するネットワークにたどり着くには、隣接するどのルーターにパケットを転送すればよいかという情報が書き込まれています。

ルーティングテーブル

| 宛先 | 向き |
|---|---|
| 64.○○○.0.0/24 | ルーター3のアドレス |
| 23.○○○.0.0/24 | ルーター4のアドレス |
| 118.○○○.0.0/24 | ルーター2のアドレス |

ルーティングテーブル

| 宛先 | 向き |
|---|---|
| 64.○○○.0.0/24 | ルーター5のアドレス |
| ルーター1のネットワーク | ルーター1のアドレス |

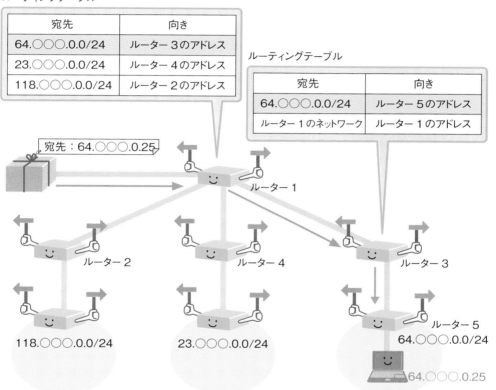

ルーター1のルーティングテーブル

ルーティングテーブルは行き先表示板のように、目的地に着くにはどの方向に進めばよいのかを教えてくれます。

# 静的ルーティングと動的ルーティング

　ルーティングテーブルを設定する手法は2つあり、管理者が手作業で行う手法を**静的ルーティング**、ルーティングプロトコルを利用して自動的に情報を集めて設定する手法を**動的ルーティング**と呼びます。ネットワーク間の接続が複雑になると静的ルーティングは現実的ではないので、通常は動的ルーティングを中心に利用します。

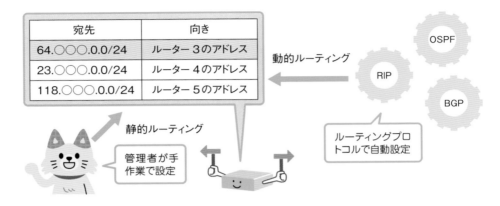

## ■ ルーティングテーブルに宛先が見つからない場合は？

　インターネット内には非常に多くのネットワークが存在するので、すべてのネットワークへの経路を記憶させるのは困難です。そこで、ルーティングテーブルに宛先が見つからない場合の転送先として、より多くの情報を持っているルーターを**デフォルトルート**として静的に設定しておきます。

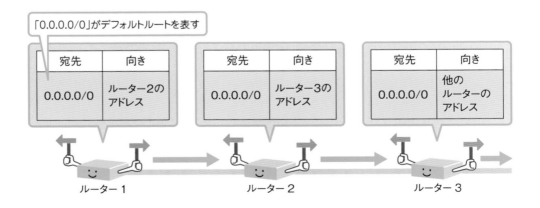

# 動的ルーティングのアルゴリズム

　ルーティングプロトコルは何種類かありますが、宛先までの経路表を作る方式によって大まかに**距離ベクトル型**と**リンク状態型**の2つのタイプに分けられます。この他にAS間の通信で使われる**経路ベクトル型**があります。

## ■ 距離ベクトル型

　宛先までの距離（ホップ数＝ルーター間で転送する回数）を調べて、距離が短い経路を選択します。距離ベクトル型のプロトコルにはRIPなどがあります。

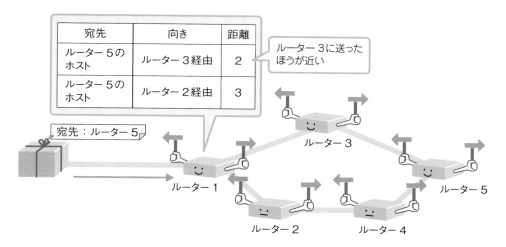

## ■ リンク状態型

　ネットワークの接続状態を表すマップを作成し、そこから最適な経路を探し出します。複雑で変化しやすいネットワーク構成に向いています。リンク状態型のプロトコルにはOPSFなどがあります。

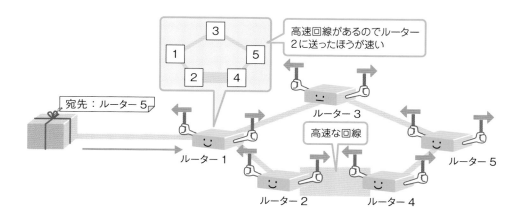

# AS内で使われるOSPF

　AS（自律システム）内では、主にリンク状態型の**OSPF**（Open Shortest Path First）が使われます。リンク状態型は、ネットワークの規模が大きくなるとマップの維持にかかるルーターの処理負荷が大きくなるため、いくつかのエリアに分けてそれぞれごとにマップを持ちます。

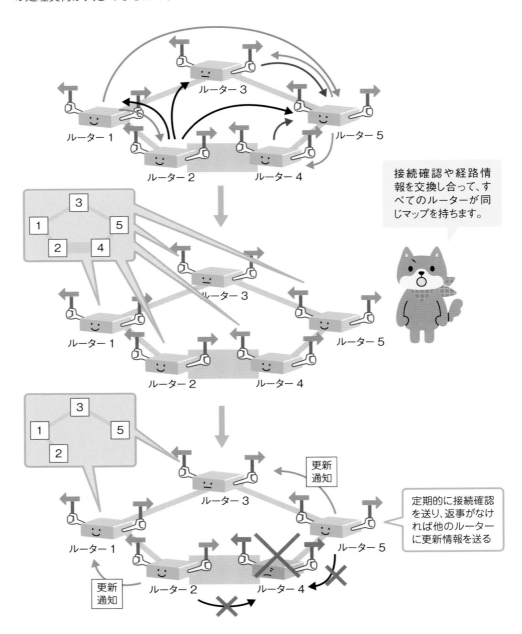

接続確認や経路情報を交換し合って、すべてのルーターが同じマップを持ちます。

更新通知

定期的に接続確認を送り、返事がなければ他のルーターに更新情報を送る

更新通知

# AS間で使われるBGP

ASとASの間では、経路ベクトル型の**BGP** (Border Gateway Protocol) が使われます。経路ベクトル型は距離だけでなく、途中にどのASを通過するかといった情報もやりとりして経路リストを作成し、そこから経路表を作成します。

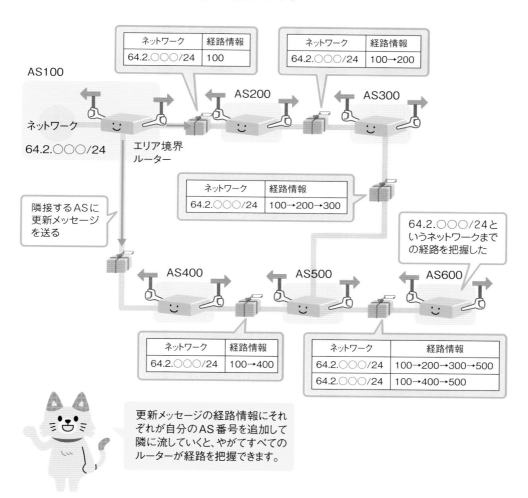

**Note** AS番号

ASにはIPアドレスとは別に、16ビットまたは32ビットのAS番号が割り当てられています。AS番号にはグローバルAS番号とプライベートAS番号があります。グローバルAS番号はグローバルIPアドレスと同じく世界中で重複しないよう管理されており、割り当てにはJPNICなどのインターネットレジストリへの申請が必要です。

# 06 トラブルを通知するICMP

データの転送中に起きたトラブルの通知には「ICMP」が使われます。

## ICMPの働き

ICMP (Internet Control Message Protocol) は、データ転送中のトラブルの通知などに使われるプロトコルです。たとえば、宛先のパソコンの電源が入っていないなどの理由でデータが届けられなかった場合、データが到達できなかったことを表すタイプ3のICMPメッセージが送信元に送られます。これで送信元は届かなかった理由を知り、適切な対処をすることができます。

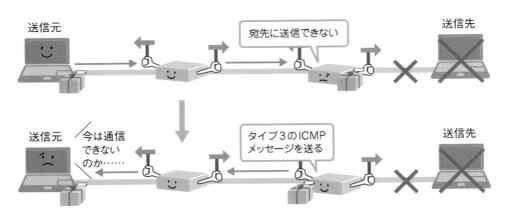

| タイプ | 意味 |
|---|---|
| 0 | エコー応答。宛先の存在確認に使われる。 |
| 3 | データが到達できなかった。 |
| 4 | 回線が混雑している。 |
| 5 | 経路が最適ではない。 |
| 8 | エコー要求。宛先の存在確認に使われる。 |
| 9 | 所属ネットワークのルーターの通知に使われる。 |
| 10 | 所属ネットワークのルーターを探す際に使われる。 |
| 11 | 生存期間を超えたのでパケットを消滅させた。 |

ICMPヘッダー

| IPヘッダー | | |
|---|---|---|
| タイプ | コード | チェックサム |
| データ | | |

ICMPパケットはIPヘッダーにタイプやコードなどのICMPメッセージをくっつけたものです。

# その他のICMPメッセージ

　パケットの生存期間（TTL）が宛先に到着する前に過ぎてしまった場合は、ルーターがタイプ11のICMPメッセージを送ります。また、ネットワーク内のルーターのIPアドレスを知りたい場合は、タイプ10とタイプ9のICMPメッセージを利用します。

## ■ ルーティングテーブルに宛先が見つからない場合は？

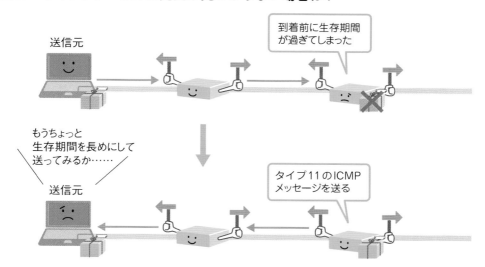

## ■ ルーター請願・広告メッセージ

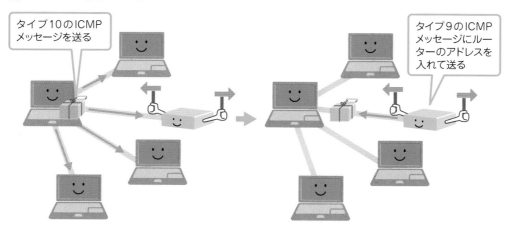

chapter 04　インターネット層とルーティング

# 07 アドレス変換

プライベートIPアドレスとグローバルIPアドレスのホストがやりとりする場合などに、「アドレス変換」という技術が利用されます。

## ネットワークアドレス変換（NAT）の理屈

　ここまでに家庭や組織のネットワーク内ではプライベートIPアドレスを使用すると説明しましたが、そのままではグローバルIPアドレスが割り当てられているインターネットのサーバーと通信することができません。そのため、通信の際に**ネットワークアドレス変換**（NAT＝Network Address Translation）という技術が利用されます。この他に、IPv4とIPv6のアドレスを変換する際にもNATの応用技術が利用されます。

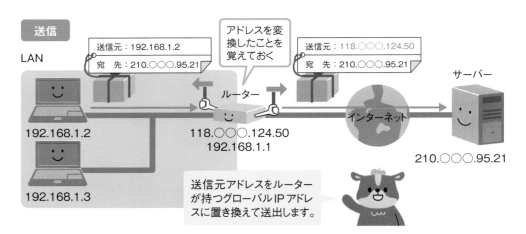

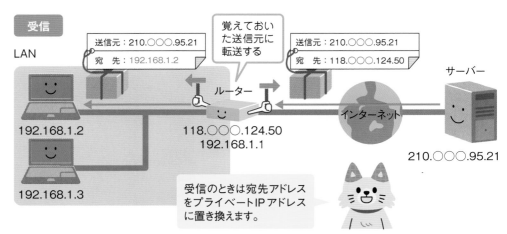

# NATで起きる問題

NATは単純にIPアドレスを置き換えるので、いくつか問題が起きることがあります。たとえば複数のホストが同じポート番号を利用した場合、ルーターは応答をどちらのホストに転送すればよいのか判断できなくなってしまいます。また、内部から通信が開始されたリクエストへの応答は受け入れられますが、外部から通信が開始されたデータはホストに届けることができません。

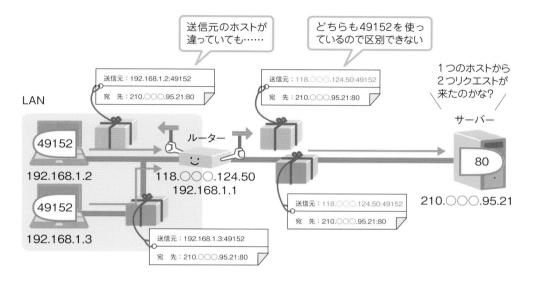

## 外部から来たデータを届けられない

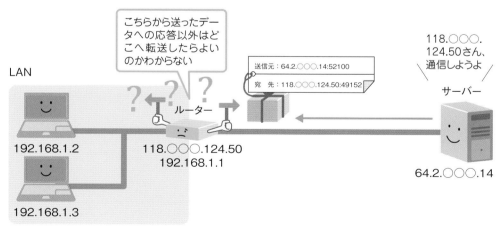

# ネットワークアドレスポート変換（NAPT）

　NATで複数のホストが同じポート番号を使えないことへの対策として考え出されたのが、アドレスだけでなくポート番号も置き換える**ネットワークアドレスポート変換**（NAPT=ネットワーク　アドレス　ポート　トランスレーション Network Address Port Translation）です。ポート番号が重ならないよう置き換えてから送ることで、ポート番号でホストを見分けられるようにします。

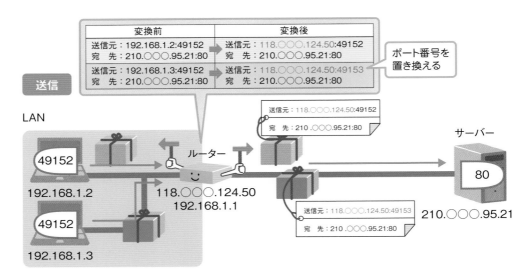

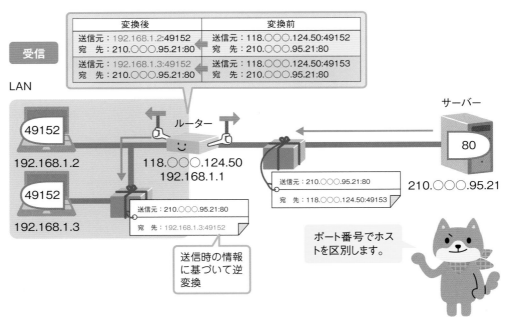

# 外部からの通信を受け付けるには

LAN内で外部からの通信を受け付ける方法は、用途によっていくつかあります。

## メッセージの自動チェック

　SNSなどでは自動的に新着メッセージが届きますが、これはたいていの場合、内部から定期的に新着メッセージの確認を行っています。内部からの通信への応答ですから問題なく結果が届けられます。

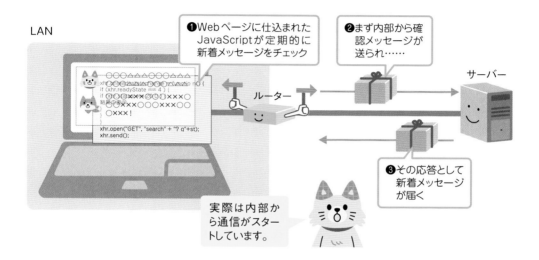

**LAN**

❶Webページに仕込まれたJavaScriptが定期的に新着メッセージをチェック

❷まず内部から確認メッセージが送られ……

サーバー

ルーター

```
if (xhr.readyState == 4 ) {

xhr.open("GET", "search" + "? q"+st);
xhr.send();
```

❸その応答として新着メッセージが届く

実際は内部から通信がスタートしています。

## ポートフォワード

　LAN内にWebやFTPのサーバーを立てて外部に公開する場合は、特定のポート番号宛ての通信がサーバーに届くようルーターに転送設定（ポートフォワード）しておきます。

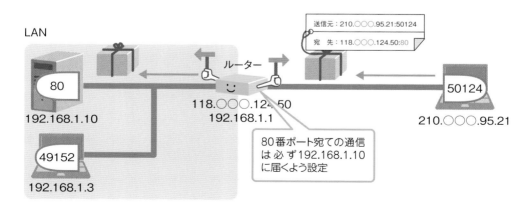

**LAN**

送信元：210.○○○.95.21:50124
宛　先：118.○○○.124.50:80

ルーター

80
192.168.1.10

118.○○○.124.50
192.168.1.1

50124
210.○○○.95.21

49152
192.168.1.3

80番ポート宛ての通信は必ず192.168.1.10に届くよう設定

# 08 ドメイン名

IPアドレスは覚えにくいため、より人間にわかりやすい「ドメイン名」を利用する仕組みが用意されています。

## ホスト名とドメイン名

コンピューターを識別する名前として、IPアドレスと対応する**ホスト名**が考えられ、それを管理しやすくするために**DNS** (Domain Name System) と**ドメイン名**が作られました。

一部を指してドメイン名と呼ぶことも、ホスト名を含めた全体でドメイン名と呼ぶこともあります。

### DNSサーバーへの問い合わせ

ドメイン名に対応するIPアドレスを知るには、**DNSサーバー**に問い合わせて回答してもらう必要があります。そのため、パソコンまたはルーターに問い合わせ先のDNSサーバーのIPアドレスを登録しておかないと、ドメイン名を使った通信はできません。

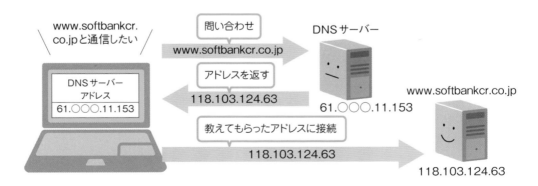

# ドメイン名の階層構造

ドメイン名は「.（ピリオド）」で階層に区切られています。一番最後に来る「jp」や「com」などのドメインが最上位となり、**トップレベルドメイン**と呼びます。トップレベルドメイン以降のドメインは**第2レベルドメイン**、**第3レベルドメイン**、…と呼びます。

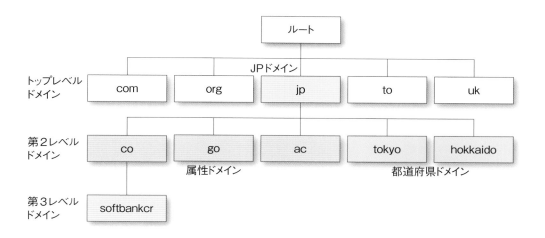

## DNSサーバーの階層構造

ドメイン名の階層と完全に一致しているわけではありませんが、DNSサーバーもまた階層構造を持っており、自分が担当しているゾーンに属するドメイン名を管理しています。また、ドメイン名を管理するDNSサーバーを**DNSコンテンツサーバー**と呼びます。

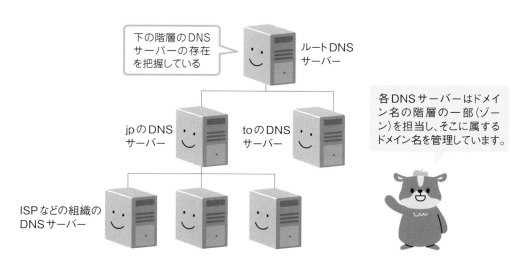

# DNSサーバーへの問い合わせの流れ

DNSサーバーは、ドメイン名を管理している**コンテンツサーバー**と、外部からの問い合わせに対応する**キャッシュサーバー**の2種類に分かれています。DNSキャッシュサーバーはルートDNSサーバーから順に問い合わせを行い、IPアドレスがわかったらそれを返してきます。1回調べた名前はキャッシュサーバーに保管されるので、次回からはルートDNSサーバーなどに問い合わせることなくIPアドレスを返せるようになります。

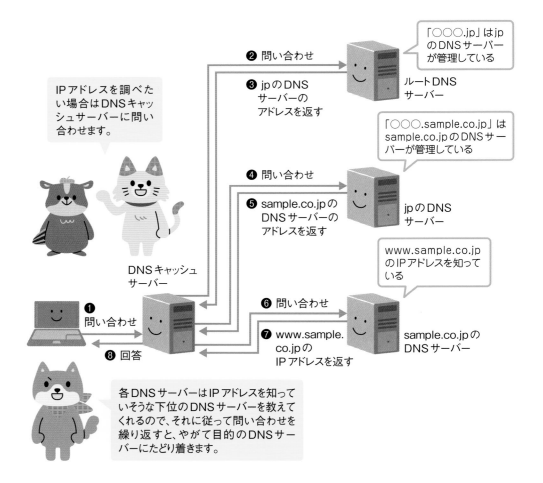

Note hostsファイル

初期のインターネットでは、ホスト名とIPアドレスの対応表が書かれたhostsファイルでIPアドレスへの変換を行っていました。現在のOSにもhostsファイルは存在しており、DNSに登録する前のサーバーにアクセスしたい場合などに利用することがあります。

# DNSへの登録

ドメイン名は、グローバルIPアドレスと同じくICANNが管理しており、新しいドメイン名が必要な場合は申請が必要です。独自ドメイン事業者に申請を依頼した場合、たいていは事業者が所有しているDNSサーバーにドメイン名が登録されます。DNSサーバーに登録する情報を**リソースレコード**といい、リソースレコードが記述されたファイルを**ゾーンファイル**といいます。

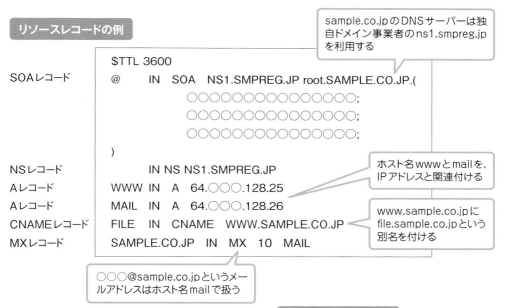

リソースレコードの例

| | |
|---|---|
| | $TTL 3600 |
| SOAレコード | @　　IN　SOA　NS1.SMPREG.JP root.SAMPLE.CO.JP.( |
| | ○○○○○○○○○○○○○○○○○; |
| | ○○○○○○○○○○○○○○○○○; |
| | ○○○○○○○○○○○○○○○○○; |
| | ) |
| NSレコード | IN NS NS1.SMPREG.JP |
| Aレコード | WWW IN　A　64.○○○.128.25 |
| Aレコード | MAIL　IN　A　64.○○○.128.26 |
| CNAMEレコード | FILE　IN　CNAME　WWW.SAMPLE.CO.JP |
| MXレコード | SAMPLE.CO.JP　IN　MX　10　MAIL |

sample.co.jpのDNSサーバーは独自ドメイン事業者のns1.smpreg.jpを利用する

ホスト名wwwとmailを、IPアドレスと関連付ける

www.sample.co.jpにfile.sample.co.jpという別名を付ける

○○○@sample.co.jpというメールアドレスはホスト名mailで扱う

## ■ 各リソースレコードの意味

| レコード | 意味 |
|---|---|
| SOAレコード | このドメイン名を管轄するDNSサーバーを記述。 |
| NSレコード | プライマリ、セカンダリのDNSサーバーを記述。 |
| Aレコード | ホスト名とIPアドレスを対応付ける。 |
| CNAMEレコード | Aレコードで指定済みのホストに別名を付ける。 |
| MXレコード | 「○○○@ドメイン名」という形式のメールアドレスとメールサーバーを関連付ける。 |

設定した結果

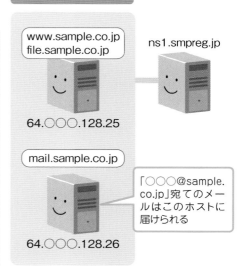

www.sample.co.jp
file.sample.co.jp

ns1.smpreg.jp

64.○○○.128.25

mail.sample.co.jp

「○○○@sample.co.jp」宛てのメールはこのホストに届けられる

64.○○○.128.26

# 09 IPアドレスを自動的に割り振る DHCP

「DHCP」はネットワーク内のホストに自動的にIPアドレスを割り当て、管理を容易にします。

## DHCPの目的

TCP/IPで通信を行うためには、ネットワーク内のホストに重複しないIPアドレスを割り当てる必要があります。1台ずつホストを設定していくのは大変な手間ですが、これを自動的に行ってくれるのが**DHCP**(Dynamic Host Configuration Protocol)です。ホストがネットワークに接続されると、IPアドレスの割り当てやサブネットマスクの設定などを自動的に行います。

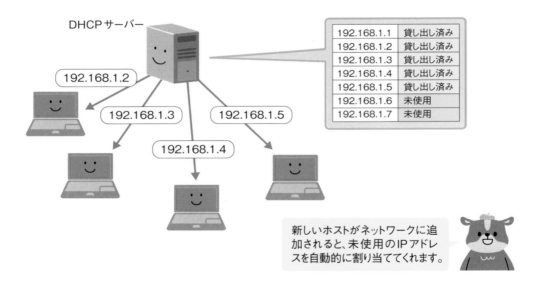

| | |
|---|---|
| 192.168.1.1 | 貸し出し済み |
| 192.168.1.2 | 貸し出し済み |
| 192.168.1.3 | 貸し出し済み |
| 192.168.1.4 | 貸し出し済み |
| 192.168.1.5 | 貸し出し済み |
| 192.168.1.6 | 未使用 |
| 192.168.1.7 | 未使用 |

新しいホストがネットワークに追加されると、未使用のIPアドレスを自動的に割り当ててくれます。

家庭用のブロードバンドルーター(Wi-Fiルーター)の大半はDHCPサーバー機能を持っており、接続するだけですぐにプライベートIPアドレスを割り当ててくれます。また、公衆無線LANや一部のプロバイダーでもDHCPでIPアドレスを割り当てています。

# 割り当ての仕組み

　ネットワークに接続した直後のホストはIPアドレスが割り当てられていないうえに、DHCPサーバーのIPアドレスもわからないため、宛先を指定した通信ができません。そこで、DHCPではブロードキャストですべてのホストに対して**DHCP発見パケット**を送り、それを受け取ったDHCPサーバーが新たに参加したホストに対して使用可能なIPアドレスなどを通知します。このとき、新たに参加したホストはまだIPアドレスを持っていないため、DHCPサーバーはブロードキャストですべてのホストに対して情報を送ります。

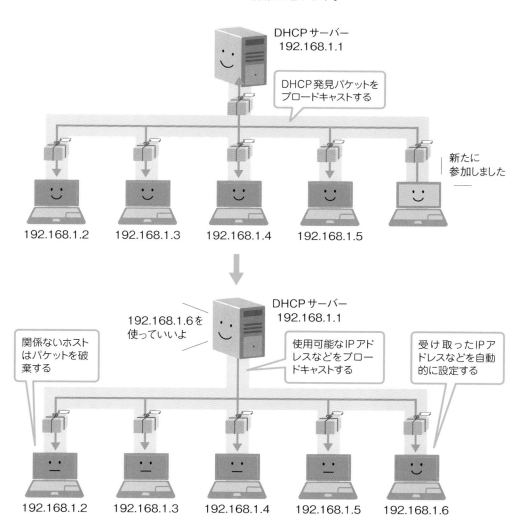

# 10 ipconfigコマンドとpingコマンド

「ipconfig」は自分のパソコンのIPアドレスなどを調べるコマンド、「ping」は通信相手が通信可能な状態にあるかを調べるコマンドです。

## ipconfigコマンド

ipconfigコマンドを利用すると、パソコンに割り当てられているIPアドレスやサブネットマスクなどを調べることができます（MacやLinuxではifconfigコマンド）。使い方はコマンドプロンプトで「ipconfig」と入力するだけです。

**❶** コマンドプロンプトを起動

**❷** 「ipconfig」と入力して[Enter] キーを押す

DNSサーバーの情報

割り当てのIPアドレス
サブネットマスク
デフォルトゲートウェイ

パソコンに有線LANポートと無線LAN子機がある場合など、複数のネットワークインターフェースを持つ場合は、その数だけ情報が表示されます。また、IPv4アドレスはインターフェースごとに1つしか割り当てられませんが、IPv6アドレスは複数割り当てられており、用途に応じて使い分けられます。

# pingコマンドで生存確認

　pingは、指定したIPアドレスのホストに対して、ICMPタイプ8のメッセージを送るコマンドです。ICMPタイプ8はエコー要求といい、宛先に送ったメッセージをそのまま返してもらうように要求します。エコー要求を受け取った宛先は、その返事としてICMPタイプ0（エコー応答）として、受け取ったメッセージを送り返します。これを利用して宛先のコンピューターと通信可能かどうかを調べることができます。

　では、192.168.1.1に対してpingコマンドを送ってみましょう。この例ではipconfigコマンドで調べたパソコンのコンピューターのIPアドレスが192.168.1.2だったので、同じネットワーク内のIPアドレスを指定しています。ipconfigの結果が「192.168.11.○○」などだった場合は、「192.168.11.1」などに送ってみるとよいでしょう。

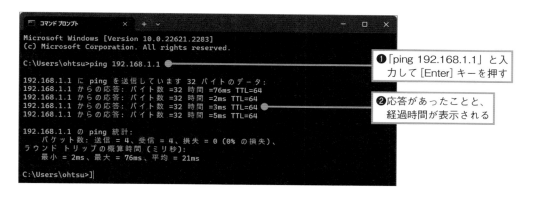

　今度は別のアドレスにpingを送ってみましょう。ここでは192.168.11.1に送ります。

　通信できないので、タイムアウト（時間切れ）と表示されました。ここでは192.168.1というプライベートIPアドレスのネットワークから、192.168.11というプライベートIPアドレスのネットワークへ通信しようとしていますが、この通信を成功させるにはルーターやL3スイッチ（P.135参照）などの機器が必要です。

# 11 tracertコマンドで経路を調べる

「tracert」は、宛先のコンピューターまでに通過したルーターを列挙してくれるコマンドです。

## ◤ tracertコマンド

　インターネットではルーターからルーターへとつながりをたどってデータが届けられますが、その経路を表示できるのが **tracert** コマンド（MacやLinuxでは **traceroute**）です。pingと同じく ICMP タイプ8のエコー要求を利用しますが、その際に IP ヘッダーの生存時間を1から1つずつ増やしながら複数送信します。宛先に着く前にパケットの生存期間が過ぎるとルーターからタイプ11の時間超過メッセージが返ってくるので、それを利用して経由するルーターのリストを作ります。

　tracertコマンドを実行するには、「**tracert ドメイン名**」または「**tracert IPアドレス**」と入力します。ここでは日本やアメリカなど各国にWebサイトを持つ、とある企業のWebサーバーまでの経路を調べてみましょう。

最初の192.168.1.1は、パソコンが直接つながっているWi-FiルーターのIPアドレスです。そのあとしばらく「要求がタイムアウトしました」と表示されます。これらのルーターは動いていないわけではなく、セキュリティ方針などの理由で、ルーターがICMPのエコー要求に応答しないよう設定されていると思われます。IPアドレスだけなので詳しい情報は不明ですが、宛先のWebサーバーまで11のルーターを経由していることがわかりました。

# 海外のサーバーまでの経路を見てみよう

　今度はアメリカのサイトまでの経路を調べてみます。指定するドメイン名は「.co.jp」から「.com」に変更します。

```
コマンド プロンプト          ×    +  ∨

Microsoft Windows [Version 10.0.22621.2428]
(c) Microsoft Corporation. All rights reserved.

C:\Users\ohtsu>tracert www.yahoo.com

new-fp-shed.wg1.b.yahoo.com [202.165.107.49] へのルートをトレースしています
経由するホップ数は最大 30 です:

  1     2 ms     2 ms     1 ms  ntt.setup [192.168.1.1]
  2     *        *        *     要求がタイムアウトしました。
  3     *        *        *     要求がタイムアウトしました。
  4     *        *        *     要求がタイムアウトしました。
  5     *        *        *     要求がタイムアウトしました。
  6    40 ms    38 ms    38 ms  ae-0.hinet.tokyjp05.jp.bb.gin.ntt.net [129.250.9.78]
  7    42 ms    40 ms    41 ms  220-128-10-234.hinet-ip.hinet.net [220.128.10.234]
  8    41 ms    43 ms    42 ms  220-128-31-234.hinet-ip.hinet.net [220.128.31.234]
  9    43 ms    42 ms    42 ms  tpdb-3031.hinet.net [220.128.1.110]
 10     *        *        *     要求がタイムアウトしました。
 11    39 ms    39 ms    39 ms  220-128-12-65.hinet-ip.hinet.net [220.128.12.65]
 12    38 ms    55 ms    39 ms  211-22-229-109.hinet-ip.hinet.net [211.22.229.109]
 13    38 ms    40 ms    39 ms  xe-0-2-1.edge1.Banqiao.idc.hinet.net [203.69.110.17]
 14    43 ms    49 ms    49 ms  ae19.pat1.twz.yahoo.com [202.160.176.18]
 15    83 ms    91 ms    86 ms  ae-11.pat2.sgy.yahoo.com [202.160.176.20]
 16   100 ms    99 ms   101 ms  ae-5.msr2.sg3.yahoo.com [203.84.209.89]
 17    98 ms    96 ms    97 ms  ae-3.clr2-a-gdc.sg3.yahoo.com [106.10.128.9]
 18    92 ms    90 ms    90 ms  lo0.fab1-3-gdc.sg3.yahoo.com [106.10.131.217]
 19    91 ms    87 ms    90 ms  lo0.usw2-1-lbd.sg3.yahoo.com [106.10.128.247]
 20    84 ms    86 ms    86 ms  media-router-fp73.prod.media.vip.sg3.yahoo.com [202.165.107.49]

トレースを完了しました。

C:\Users\ohtsu>
```

「tracert www.yahoo.com」と
入力して [Enter] キーを押す

海外のルーター
へ移動

目的の企業の
ルーターへ移動

宛先の Web
サーバーへ到着

chapter 04　インターネット層とルーティング

　今度は途中からIPアドレスではなくドメイン名が表示されたので、ルーターがどこに設置されているのかが予測できます。途中で表示される「hinet.net」は、台湾の「中華電信」という電気通信事業者のドメインです。hinet.netのルーターをいくつか経由したあと、目的の企業のルータを経由して、宛先のWebサーバーに到達しました。国内のWebサーバーにアクセスしたときよりも、中継するルーター数が増えていることがわかりますね。

　皆さんが実際にtracertコマンドを実行すると、このページの画像とは経由するルーターが変わっているかもしれません。プロバイダー同士の接続契約の変更や、何らかの事故や工事によって、経路が変わることがあるからです。

# 12 nslookupコマンドでドメイン名からIPアドレスを調べる

「nslookup」コマンドは、DNSサーバーに問い合わせてドメイン名からIPアドレスを調べる「正引き」や、逆にIPアドレスからドメイン名を調べる「逆引き」を行います。

## ドメイン名からIPアドレスを調べる

Webブラウザなどのアプリケーションで通信の宛先にドメイン名を指定した場合、通信に先立って、DNSサーバーに対してIPアドレスの問い合わせが行われます。これと同じ問い合わせを行うためのコマンドが**nslookup**です。インターネットに接続できる環境であればDNSサーバーの設定も済んでいるので、コマンドプロンプトに「**nslookup ドメイン名**」と入力するだけでIPアドレスを調べることができます。

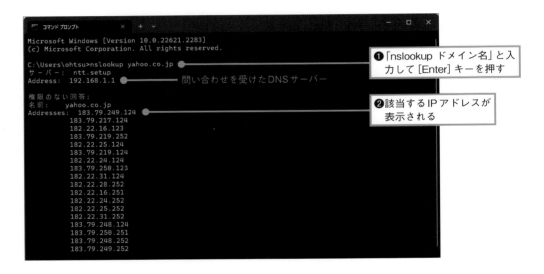

**❶**「nslookup ドメイン名」と入力して [Enter] キーを押す

**❷** 該当するIPアドレスが表示される

問い合わせを受けたDNSサーバー

「権限のない回答」はDNSキャッシュサーバーからの回答であることを表します。

また、複数のIPアドレスが返される場合、大量のアクセスを複数のコンピューターで分散処理するように設定されている可能性があります。ドメイン名とIPアドレスは一対一で対応しているとは限らないのです。

## IPアドレスからドメイン名を調べる

　ドメイン名からIPアドレスを調べることを「正引き」、IPアドレスからドメイン名を調べることを「逆引き」といい、nslookupコマンドはどちらも行うことができます。逆引きしたい場合は「**nslookup IPアドレス**」と入力します。

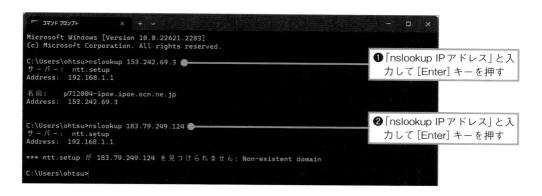

❶「nslookup IPアドレス」と入力して [Enter] キーを押す

❷「nslookup IPアドレス」と入力して [Enter] キーを押す

　なお、上の画面の❷のように、DNSサーバーが対応するドメイン名を見つけられないこともあります。コンピューターがインターネットを利用するにあたってドメイン名は必須ではないので、設定されていないこともあるからです。

## MXレコードを調べる

　DNSサーバーに登録されている情報には、ドメイン名（ホスト名）とIPアドレスの対応を指定するAレコードの他に、メールアドレスのためのMXレコードなどがあります。「**nslookup -type=mx ドメイン名**」のように指定することで、他のレコードを調べることができます。

❶「nslookup -type=mx ドメイン名」と入力して [Enter] キーを押す

❷MXレコードに登録されているメールサーバーのホスト名やIPアドレスが表示される

chapter 04　インターネット層とルーティング

121

# 2進数と16進数

　IPアドレスのところで登場した2進数は、0、1の次で繰り上がって10、11、100、……と続く数え方です。コンピューターにとってはスイッチのオン／オフで表せる扱いやすい数え方ですが、人間にとっては桁が多すぎて読みにくいうえに、10進数に変換したとしても8ビットの最大値「11111111」が10進数では「255」となるといった具合に区切りもよくありません。そこで、2進数との相性がよく、人間にとってもわかりやすいという理由で使われているのが、IPv6のところで登場した16進数です。16進数は0、1、2、3、4、5、6、7、8、9の後にA、B、C、D、E、Fと続き、そこで1繰り上がって10となります。2進数の「1111」が「F」、「11111111」が「FF」となり、4ビット分を1桁で表せるので区切りもちょうどいいのです。

| 2進数 | 16進数 | 10進数 |
|---|---|---|
| 0 | 0 | 0 |
| 1 | 1 | 1 |
| 10 | 2 | 2 |
| 11 | 3 | 3 |
| 100 | 4 | 4 |
| 101 | 5 | 5 |
| 110 | 6 | 6 |
| 111 | 7 | 7 |
| 1000 | 8 | 8 |
| 1001 | 9 | 9 |
| 1010 | A | 10 |
| 1011 | B | 11 |
| 1100 | C | 12 |
| 1101 | D | 13 |
| 1110 | E | 14 |
| 1111 | F | 15 |

# ネットワークインターフェース層とハードウェア

# この章の ねらい

## ■ ネットワークインターフェース層の担当範囲

　ネットワークインターフェース層はTCP/IPの階層モデルの一番下に位置する層で、その先はネットワークカードなどのハードウェアになります（ハードウェアも層に含める場合もあります）。ネットワークのハードウェアには有線LAN、無線LANなどさまざまなものがありますが、それらを制御して隣接する他の機器までデータを届けるのがこの層の仕事です。別の言い方をすると、隣接する機器までデータを送り届けたら、そこでこの層の仕事はおしまいです。もちろんそこから先も別のコンピューターのネットワークインターフェース層が担当するわけですが、それぞれは独立して働いていて、連携しているわけではありません。インターネット層が宛先までの長い経路を担当するのに比べると、かなり短く感じますね。

　よくあるたとえとして、ネットワークインターフェース層は「旅行で目的地までに乗り継いでいく交通機関のようなもの」という表現があります。乗客は電車、バス、タクシーなどを乗り継ぎますが、それぞれの交通機関が意識しているのは自分の担当区間のことだけです。同じようにネットワークインターフェース層も、隣接する機器までデータを届けることしか意識していません。宛先までデータが届くよう次の送り先を指示するのはインターネット層の仕事であって、ネットワークインターフェース層の役割には含まれていないのです。

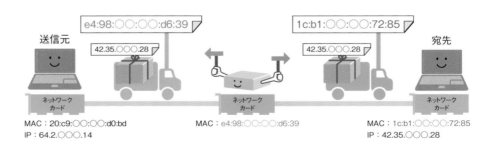

# ハードウェアとの密接な関係

　これまでの解説では、ハードウェアを考えない仮想的なソフトウェアの世界でデータをやりとりする話をしてきましたが、ネットワークインターフェース層を語るにあたってハードウェアの話は避けられません。というよりも、ネットワークインターフェース層に属する規格は、ソフトウェア的なデータ形式やプロトコルなどの仕様と、ケーブルの種類や材質、コネクタ形状、信号の流し方といった仕様が組み合わさったものが大半で、単純に分けて語ることができないのです。

　たとえば、有線LANのイーサネットは、標準化された国際規格としてはIEEE802.3という名前が付いていますが、データ形式のイーサネットフレームやMACアドレスなどの仕様と、ケーブル部分について定めた100BASE-TXなどの仕様がまとまったものです。

　そのため、この第5章でも、ハードウェア部分の話もあわせて解説していきます。

## イーサネット(IEEE802.3)

| プリアンブル | 宛先MACアドレス | 送信元MACアドレス | 長さ／タイプ | データ本体 | FCS |

# 01 ネットワークインターフェース層の役割

「ネットワークインターフェース層」はハードウェアを制御して、隣接する機器までデータを届けます。

## さまざまなハードウェアでネットワークにつなぐ

**ネットワークインターフェース層**はネットワークのハードウェアを制御する層です。ネットワークのハードウェアには、ネットワークカードやLANケーブル、光ケーブルなどがあります。それらを制御して、インターネット層など上位の層がハードウェアの違いを気にすることなく同じように働けるようにするのがこの層の役割です。OSI参照モデルでは、プロトコルなどソフトウェア仕様の部分を**データリンク層**、ハードウェア部分を**物理層**と呼びます。

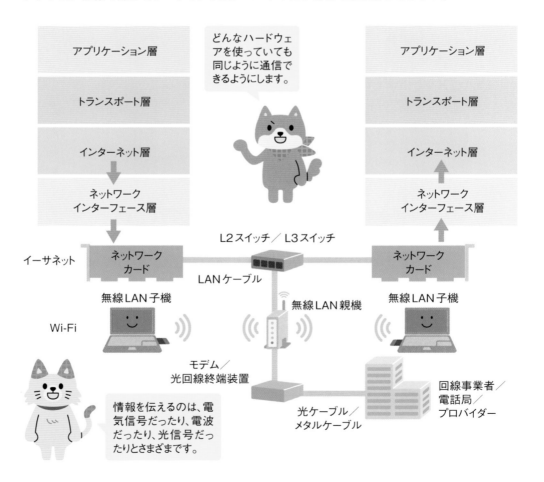

## ネットワークインターフェース層のプロトコル

　ネットワークインターフェース層のプロトコルには、**イーサネット**や、電話回線などを通して遠隔地と接続する**PPP**などがあります。この層に関連するプロトコルとして、IPアドレスを手がかりに宛先の機器のMACアドレスを調べる**ARP**も本章で取り上げます。

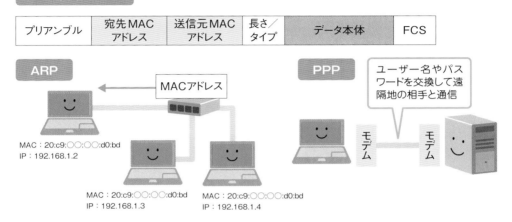

イーサネットフレーム

| プリアンブル | 宛先MAC アドレス | 送信元MAC アドレス | 長さ／ タイプ | データ本体 | FCS |
|---|---|---|---|---|---|

ARP

MACアドレス

MAC：20:c9:○○:○○:d0:bd
IP：192.168.1.2

MAC：20:c9:○○:○○:d0:bd
IP：192.168.1.3

MAC：20:c9:○○:○○:d0:bd
IP：192.168.1.4

PPP

ユーザー名やパスワードを交換して遠隔地の相手と通信

モデム

モデム

## ネットワークをとりまくハードウェア

　ネットワークの通信に使われる各種ハードウェアでは、機器同士の接続方法や、信号の送り方などの規格が決められています。

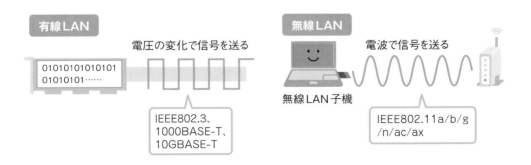

有線LAN

電圧の変化で信号を送る

01010101010101
01010101……

IEEE802.3、
1000BASE-T、
10GBASE-T

無線LAN

電波で信号を送る

無線LAN子機

IEEE802.11a/b/g
/n/ac/ax

> **Note** ネットワークインターフェース層とハードウェアの関係
>
> 　TCP/IPは特定のハードウェアに依存しないよう設計されていますが、ネットワークインターフェース層はハードウェアと密接に関連している部分です。そのため、イーサネットのようにソフトウェア仕様とハードウェア仕様をあわせて定義している規格が存在します。

# 02 MACアドレス

「MACアドレス」は、ネットワーク機器にあらかじめ付けられている識別番号です。

## MACアドレスとは？

　ネットワークカード（NIC＝Network Interface Card）には、**MAC** (Media Access Control) **アドレス**という識別番号が振られています。製造段階でメーカーが付けるもので、グローバルIPアドレス同様、全世界で重複しないように設定されています。

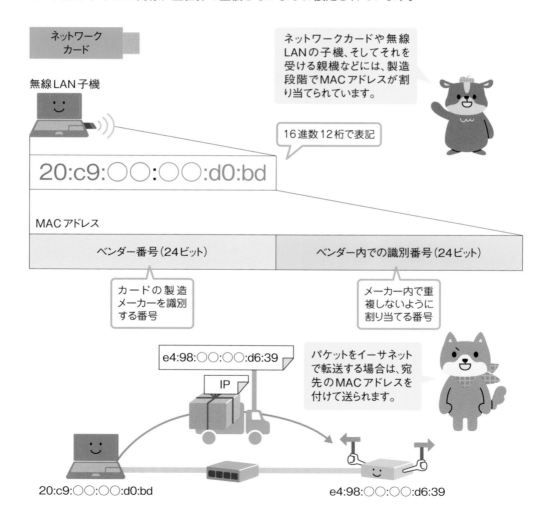

ネットワークカード

無線LAN子機

ネットワークカードや無線LANの子機、そしてそれを受ける親機などには、製造段階でMACアドレスが割り当てられています。

16進数12桁で表記

20:c9:○○:○○:d0:bd

MACアドレス

| ベンダー番号（24ビット） | ベンダー内での識別番号（24ビット） |
|---|---|

カードの製造メーカーを識別する番号

メーカー内で重複しないように割り当てる番号

e4:98:○○:○○:d6:39

IP

パケットをイーサネットで転送する場合は、宛先のMACアドレスを付けて送られます。

20:c9:○○:○○:d0:bd　　　　　　　　e4:98:○○:○○:d6:39

# MACアドレスが宛先になる

　MACアドレスは、有線LANのイーサネットや無線LANの他、短距離通信のBluetoothなど、さまざまなデータ通信で利用されています。後であらためて説明しますが、ネットワークインターフェース層が送るデータを**フレーム**と呼び、フレーム内に宛先と送信元のMACアドレスが含まれています。

# IPアドレスとMACアドレスの違い

　MACアドレスの役割はIPアドレスに似ています。ただし、IPアドレスが最終的な宛先を指すのに対し、MACアドレスは途中の装置間のやりとりで使われます。

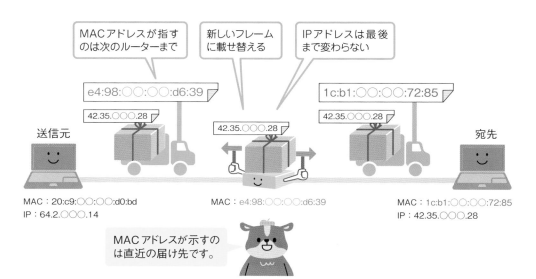

chapter 05　ネットワークインターフェース層とハードウェア

# 03 イーサネット

「イーサネット」は、現在主流の有線LANの規格です。年々、より高速な通信ができるよう改良されています。

## イーサネットとは

　機器同士をケーブルでつなぐ有線LANは、**イーサネット**（Ethernet）という規格に則っています。通信速度や接続方式によって100BASE-TXや1000BASE-Tなどの細かな規格に分かれています。

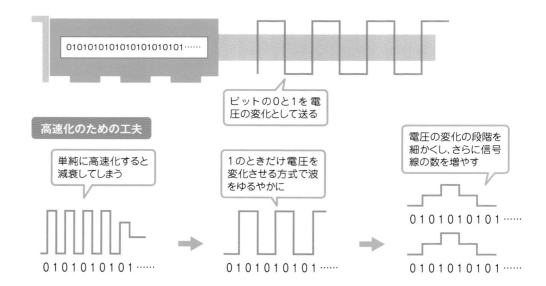

ビットの0と1を電圧の変化として送る

高速化のための工夫

単純に高速化すると減衰してしまう

1のときだけ電圧を変化させる方式で波をゆるやかに

電圧の変化の段階を細かくし、さらに信号線の数を増やす

### ■ 主なイーサネット規格

| 規格名 | 特徴 |
|---|---|
| 100BASE-TX | ツイストペア（1つの信号を2本対の電線に流す）ケーブルを使用し、100Mbpsで通信。 |
| 1000BASE-T | ツイストペアケーブルを使用し、1000Mbps（約1Gbps）で通信。 |
| 10GBASE-T | ツイストペアケーブルを使用し、10Gbpsで通信。 |
| 100GBASE | 光ファイバーケーブルを使用。LR4、SR10、SR4などいくつかの規格があり、ケーブルの種類や伝送距離が異なる。 |

高周波数の信号は減衰しやすいので、高速な規格では周波数をなるべく上げないように工夫すると同時に、高品質なケーブルを使用します。

## プリアンブルでフレームの始まりを伝える

　受信側のネットワークカードは電圧が変化する信号を受け取って0と1のデジタルデータに復号しますが、電圧の変化のタイミングを合わせ、ちゃんとデータの先頭から読み込むようにしなければいけません。そのためにフレームの先頭には、**プリアンブル**と呼ばれる単純な繰り返しパターンが用意されています。

イーサネットフレーム

## ケーブルの種類

　100BASE-TXなどの規格名のうち、最初の数値は伝送速度を、BASEは信号の変調方式を、最後のアルファベットはケーブルの種類を表しています。

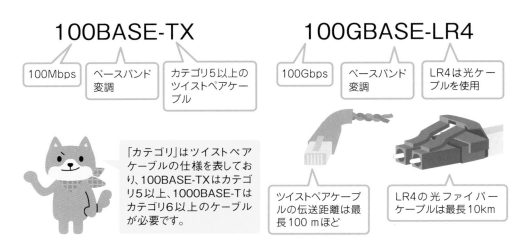

chapter 05　ネットワークインターフェース層とハードウェア

# 04 ネットワークハブ（L2 ／ L3スイッチ）

イーサネットでは「ネットワークハブ（L2 ／ L3スイッチなど）」という中継機器を利用します。

## ネットワークハブの働き

有線LANでは**ネットワークハブ**という機器にケーブルを接続してネットワークを構築します。一般家庭ではブロードバンドルーターに接続することもありますが、これはブロードバンドルーターにネットワークハブが内蔵されているからです。ネットワークハブには、構造が異なるリピータハブやL2スイッチ（スイッチングハブ）、L3スイッチなどの種類があります。

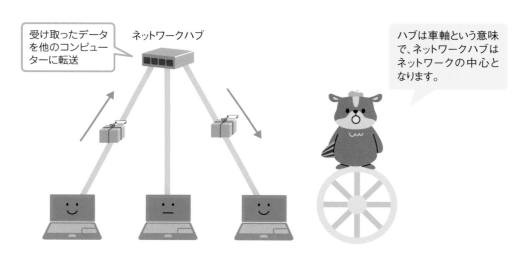

受け取ったデータを他のコンピューターに転送

ネットワークハブ

ハブは車軸という意味で、ネットワークハブはネットワークの中心となります。

> **Note** ネットワークトポロジー
>
> ネットワークの構成形態のことをネットワークトポロジーといい、何種類かのパターンがあります。イーサネットのつなぎ方はスター型です。

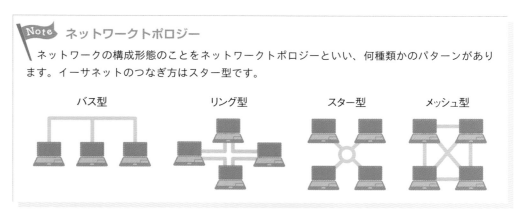

バス型　　　　　　　リング型　　　　　　スター型　　　　メッシュ型

# 接続している相手を認識するL2スイッチ

**L2スイッチ**または**スイッチングハブ**は、現在主流の中継機器です。L2とはOSI参照モデルのデータリンク層（第2層）、つまりネットワークインターフェース層を意味します。L2スイッチは各ポートにつながっているホストのMACアドレスを記憶しておき、送信相手のみに信号を流すので、基本的に信号の衝突が起きません。

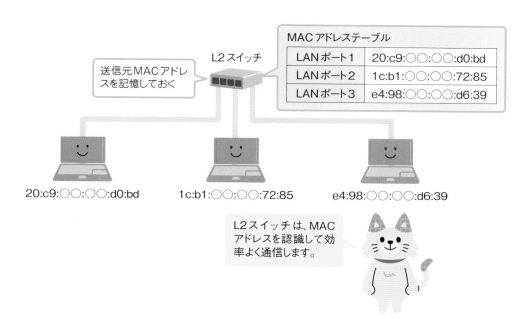

## L2スイッチが通信する様子

L2スイッチは各回線が独立しているので、複数の通信を同時に処理することができます。

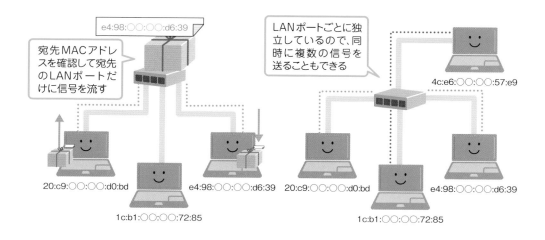

## ■ ブロードキャストドメイン

**ブロードキャストドメイン**とは、ブロードキャストアドレス（P.95のNote参照）を宛先にした場合にデータが送られる範囲のことです。L2スイッチでネットワークを構成した場合、ネットワーク全体がブロードキャストドメインとなります。ネットワークに参加するホストの台数が多い場合、DHCPやOSのファイル共有機能などがブロードキャストすると、ネットワーク内に大量のパケットが送られて混雑を引き起こします。

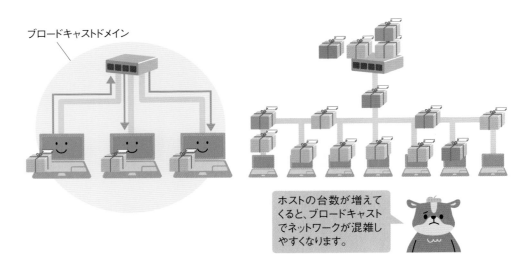

ブロードキャストドメイン

> ホストの台数が増えてくると、ブロードキャストでネットワークが混雑しやすくなります。

---

> **Note** リピータハブとコリジョンドメイン
>
> L2スイッチが普及する以前は、1つのホストから受け取った信号をすべての回線に流すリピータハブが主流でした。リピータハブでは複数のホストが同時に信号を流して衝突を起こすことがあり、この衝突範囲のことをコリジョンドメインと呼びます。信号の衝突が発生した場合、イーサネットの仕様ではすべてのホストが通信を控えて待機するため、台数が増えるほど通信速度が落ちるという問題も抱えていました。L2スイッチではこうした問題は起こりません。

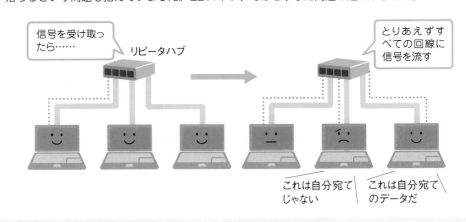

信号を受け取ったら……

リピータハブ

とりあえずすべての回線に信号を流す

これは自分宛てじゃない

これは自分宛てのデータだ

# 大規模オフィスに向いたL3スイッチ

**L3スイッチ**は、OSI参照モデルのネットワーク層（第3層）、つまりインターネット層まで扱うことができる機器です。L3スイッチの特徴的な機能として、**VLAN**（Virtual LAN）があります。VLANは、LANをいくつかの仮想的なネットワークに分割し、通信効率を上げるというものです。VLANを構築しておけば、ブロードキャストパケットはVLAN内のホストにしか送られなくなります。

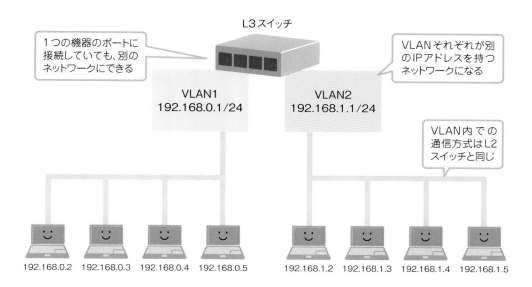

## VLAN間の通信

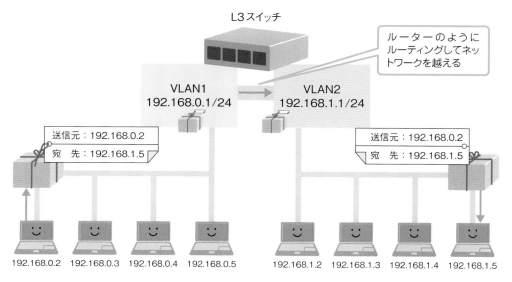

# 05 無線LAN

「無線LAN」は、電波通信でネットワークを構築します。ここでは無線LANの規格であるIEEE802.11のうち、ネットワークの伝送部分を中心に解説します。

## 無線LANの通信

　電波通信でネットワークを構築する**無線LAN**は、正式な規格名は**IEEE802.11**です。親機となる無線アクセスポイントの**SSID**（識別名、ESSIDとも呼ぶ）を手がかりに子機を接続し、ネットワークを構成します。無線の電波は周波数（右ページで解説）が同じだと干渉して信号が取り出せなくなるため、複数の子機が同時に発信しないよう調整するなど、有線LANにはない工夫が必要となります。

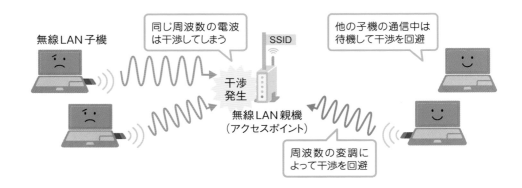

### 主なイーサネット規格

| 規格名 | 特徴 |
| --- | --- |
| IEEE802.11 | 基本となる規格。フレームの構造などを定めている。 |
| IEEE802.11a/b | 2世代目の規格。5GHz帯のaと2.4GHz帯のbがある。 |
| IEEE802.11g/j | gはbを高速化したもので、jはaを日本仕様に調整したもの。 |
| IEEE802.11n | 5GHzと2.4GHz両方の規格を含み、複数アンテナの利用により最大600Mbpsで通信可能。Wi-Fi4とも呼ぶ。 |
| IEEE802.11ac | 5GHz帯のみを使用し、最大6.9Gbpsで通信可能。Wi-Fi5とも呼ぶ。 |
| IEEE802.11ax | 2.4GHz、5GHz、6GHz帯を使用し、最大9.6Gbpsで通信可能。Wi-Fi6やWi-Fi6Eとも呼ぶ（6Eは6GHz帯対応）。 |

# 無線LANで使われる周波数

IEEE802.11に含まれる規格は、**2.4GHz帯**を使用するものと**5GHz帯**を使用するものがあります（Wi-Fi6Eは6GHz帯も使用可）。**Hz（ヘルツ）**は周波数の単位で、1秒間に何回の波ができるかを表します。2.4GHzは1秒に約24億回、5GHzは1秒間に約50億回を指します。

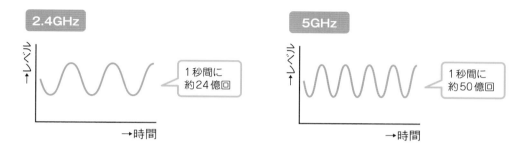

## 周波数帯ごとの特性

2.4GHz帯と5GHz帯では、電波の届きやすさの傾向が異なります。一般的に5GHz帯のほうが他との干渉が少なく、通信が安定しており、通信速度も上がりやすいとされています。ただし、5GHz帯は壁などの障害物に弱いので、環境によって2.4GHz帯と使い分けられます。

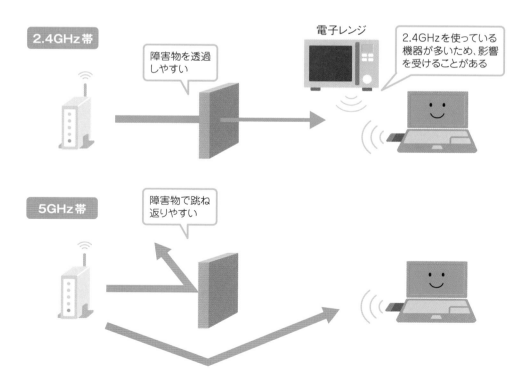

chapter 05　ネットワークインターフェース層とハードウェア

# 周波数帯の「帯」とは？

　無線LANが使用する周波数は、2.4GHzや5GHzではなく**2.4GHz「帯」**や**5GHz「帯」**です。つまり、1つの周波数ではなく、2.4 ～ 2.5GHzといった範囲内の周波数を使うことができます。

| 2.4GHz帯 | 2.4 ～ 2.5GHzの範囲 |
|---|---|
| 5GHz帯 | 5.15 ～ 5.35GHzと5.47 ～ 5.725GHzの範囲 |
| 6GHz帯 | 5.925 ～ 7.125GHzの範囲 |

## ■ チャンネル

　近くに複数台の無線LANの機器がある場合、電波の干渉を避ける必要があります。そのため、周波数帯をいくつかの**チャンネル**に分割し、機器ごとに使用するチャンネルを分けられるように設計されています。

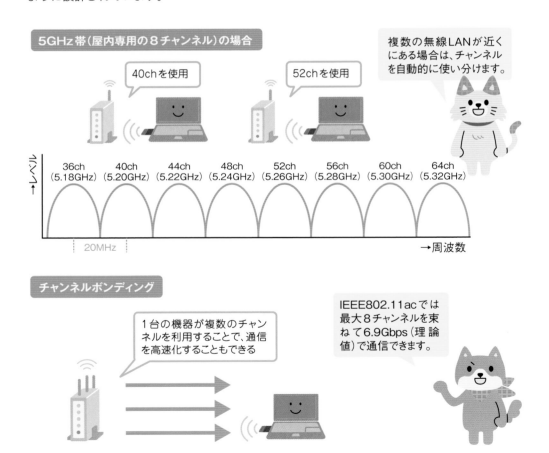

# 無線LAN親機の最大接続台数

　無線LAN親機には最大接続台数が決められており、それを超えるとつながらない子機が出てきたり、親機が不安定になって落ちたりすることがあります。最大接続台数は家庭用のWi-Fiルーターでは10台前後が多く、スマートフォンなどが混ざるとすぐに上限を超えてしまいます。法人向けの業務用アクセスポイントの場合、価格によって異なりますが、20〜100台程度の接続が可能です。

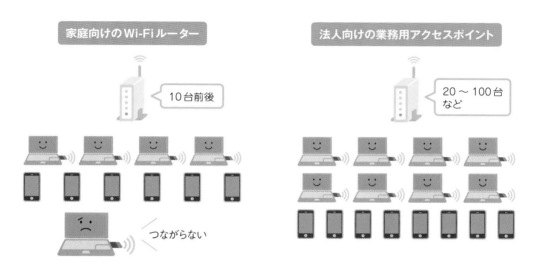

# メッシュWi-Fiで接続距離や接続台数を増やす

　メッシュWi-Fiは、無線LANの親機と中継機を組み合わせた無線ネットワークの形態です。電波の中継によって接続距離を伸ばせるうえ、負担が中継器に分散されるため接続台数も増やせます。

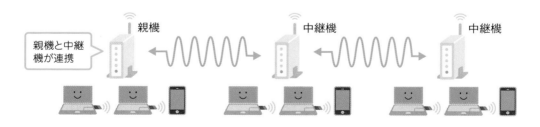

chapter 05　ネットワークインターフェース層とハードウェア

# 06 ARPでMACアドレスを問い合わせる

「ARP」は、宛先のIPアドレスを持つホストに対して、MACアドレスを問い合わせるためのプロトコルです。

## IPアドレスからMACアドレスを調べる

　イーサネットや無線LANでデータを送るには、相手のMACアドレスを知る必要があります。そのために使われるのが**ARP**（Address Resolution Protocol）です。問い合わせ側のホストは、IPアドレスを格納した**要求パケット**をブロードキャストします。受け取ったホストは、それが自分のIPアドレスであれば**応答パケット**を送り返してMACアドレスを知らせます。

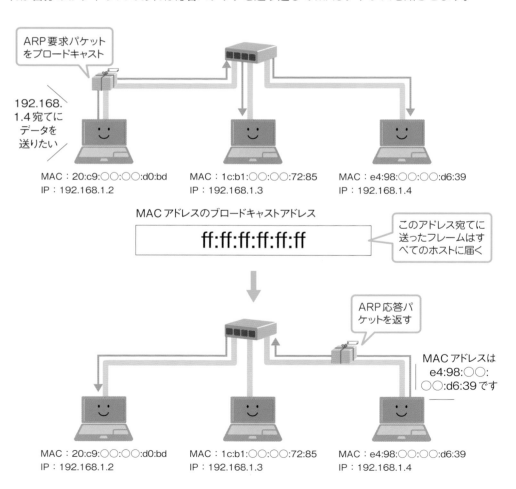

ARP要求パケットをブロードキャスト

192.168.1.4宛てにデータを送りたい

MAC：20:c9:○○:○○:d0:bd
IP：192.168.1.2

MAC：1c:b1:○○:○○:72:85
IP：192.168.1.3

MAC：e4:98:○○:○○:d6:39
IP：192.168.1.4

MACアドレスのブロードキャストアドレス

**ff:ff:ff:ff:ff:ff**

このアドレス宛てに送ったフレームはすべてのホストに届く

ARP応答パケットを返す

MACアドレスは
e4:98:○○:
○○:d6:39です

MAC：20:c9:○○:○○:d0:bd
IP：192.168.1.2

MAC：1c:b1:○○:○○:72:85
IP：192.168.1.3

MAC：e4:98:○○:○○:d6:39
IP：192.168.1.4

# ARPヘッダー

　ARPのヘッダーには、問い合わせ側のアドレスや調査ターゲットのアドレスを格納する
フィールドがあります。ヘッダー内のオペレーションコードが1のときは要求を、2のときは
その応答を意味します。

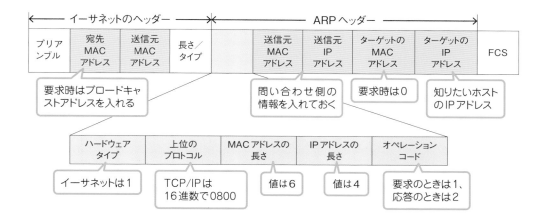

# Proxy ARP

　**Proxy ARP**（代理ARP）は、ホストの代わりにルーターがARPを応答する機能で、サブネッ
トマスク非対応ホストが存在するときに利用されます。サブネットマスク非対応ホストは、別
のサブネットに対してもARPでMACアドレスを調べようとします。このARP要求は届かな
いので、間にあるルーターが自身のMACアドレスを伝えてデータを仲介します。

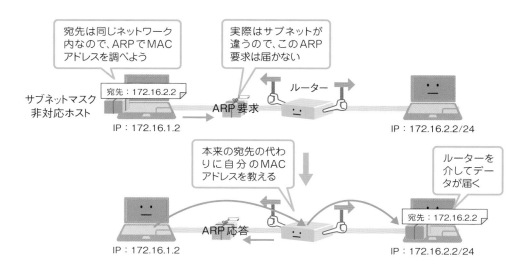

chapter 05　ネットワークインターフェース層とハードウェア

# 07 回線収容局から家庭・オフィスまでの接続

インターネット接続では建物の外部に接続するための回線が必要です。家庭やオフィスから回線収容局までの接続には、光ケーブルの「FTTx」が使われます。一部では無線による接続サービスも始まっています。

## ▍光ファイバーで家庭やオフィスまでをつなげる FTTx

光ファイバーにレーザー光を通して通信する光回線では、数 km もの遠距離でも高速な通信が可能です。家庭まで直接ケーブルを引く **FTTH**（Fiber To The Home）が有名ですが、引き込み方式が異なるものをまとめて **FTTx** と呼びます。

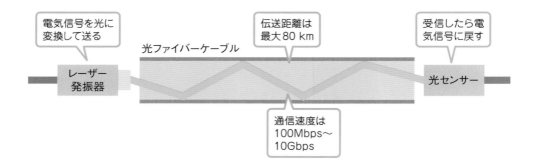

電気信号を光に変換して送る → レーザー発振器

光ファイバーケーブル

伝送距離は最大 80 km

受信したら電気信号に戻す → 光センサー

通信速度は 100Mbps〜10Gbps

### ■ 収容局から家庭・オフィスまでの接続

家庭・オフィスまでの接続方式には、回線を占有する方式と、複数の信号を時分割して1つの回線に載せる方式があります。

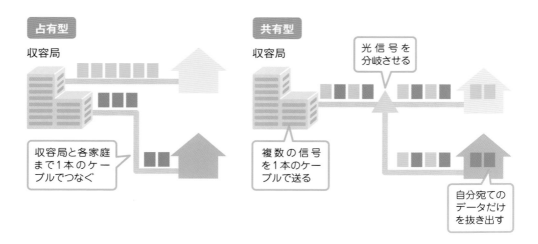

**占有型**

収容局

収容局と各家庭まで1本のケーブルでつなぐ

**共有型**

収容局

光信号を分岐させる

複数の信号を1本のケーブルで送る

自分宛てのデータだけを抜き出す

## 固定無線アクセス（FWA）

　場所によっては有線接続が難しいこともあります。そのような環境向けには、無線通信を利用したWiMAXやhome5Gなどのサービスが提供されており、まとめて固定無線アクセス（Fixed Wireless Access＝FWA）と呼ばれています。通信速度や距離はサービスによって異なります。

収容局

WiMAXやhome 5G

ケーブル接続をさまたげるもの（道路、川、森林など）

Wi-Fi

家庭内の各機器とは無線LANで接続

家庭内の各機器は、無線LAN（Wi-Fi）を使ってFWAの親機に接続します。光ケーブルをそのまま無線に置き換えたイメージですね。

5Gはモバイル通信の一種です。詳しくはP.147で解説

## 回線事業者とプロバイダーの違い

　**回線事業者**と**プロバイダー**（インターネットサービスプロバイダー）は、混同しがちですが異なるものです。回線事業者が光ファイバーなどの回線を提供するのに対し、プロバイダーはインターネット接続に必要な、グローバルIPアドレスやDNSサーバーなどを提供します。

インターネット

プロバイダー

グローバルIPアドレスなどを提供

回線事業者

回線を提供

家庭や事務所

回線事業者のネットワーク

光ファイバーケーブルなど

回線事業者は、法律による制限でプロバイダーを兼ねられません。近年では、プロバイダーが回線事業者から回線を借りてまとめて提供するVNO（仮想ネットワーク事業者）という形態も登場しています。

chapter 05　ネットワークインターフェース層とハードウェア

# 08 PPPoEとIPoE

インターネットへの接続方式にはPPPoEとIPoEの2種類があります。IPoEのほうが新しい技術ですが、現時点では併用されていて、回線事業者やプロバイダーとの契約時にどちらを利用するかを選択します。

## PPPoE

　家庭からインターネットへの接続へも、イーサネットが用いられています。しかし、イーサネットには、プロバイダーが正規ユーザーを確認して通信を許可する「認証」の仕組みがありません。そこで、古くから遠隔接続のために使われている**PPP**を利用し、イーサネットのフレーム内に認証に必要な情報を盛り込んだ**PPPoE**（PPP over Ethernet）というプロトコルが使われています。

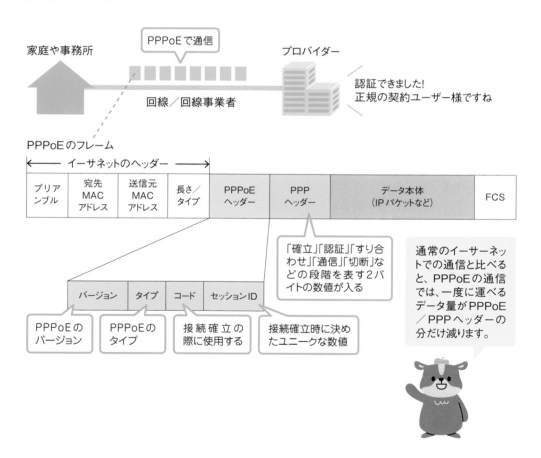

# IPoE

PPPoE は古くなってきているため、新しい**IPoE** (Internet Protocol over Ethernet) への切り替えが進められています。IPoE は IPv6 (P.89参照) 技術を使用し、ユーザーが認証設定しなくても適切に IPv6 ネットワークに接続することができます。

IPv4 のサーバーと通信する際は**IPv4 over IPv6** という技術が使われるため、これまでどおり IPv6、IPv4 の違いを意識することなく利用可能です。

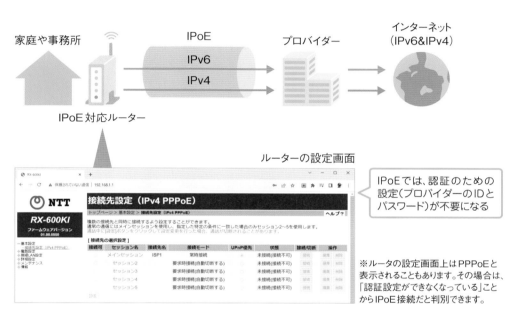

※ルータの設定画面上は PPPoE と表示されることもあります。その場合は、「認証設定ができなくなっている」ことから IPoE 接続だと判別できます。

IPoE のほうが回線事業者とプロバイダーの設備が新しいため、混雑が起きにくく、通信も高速になります。ただし、他の要因でPPPoEとそれほど変わらないこともあるようです。ユーザーにとっての確実なメリットは、「認証設定なしでつなげる」ようになることでしょう。

---

> **Note** PPPは認証を行うプロトコル
>
> PPP (Point-to-Point Protocol) は、かつて電話回線を利用してダイヤルアップ接続していたころに使われていたプロトコルです。ユーザー名やパスワードを交換して認証を行い、その後、実際の通信に必要な情報をすり合わせ、通信が完了したら切断します。現在 PPP がそのまま使われることはほとんどありませんが、資格試験などで出題されることもあるので、名前と役割だけは覚えておきましょう。

chapter 05 ネットワークインターフェース層とハードウェア

# 09 モバイル通信技術

スマートフォンなどのモバイル端末は、モバイル通信技術によってネットワークに接続します。4G、5Gといった世代を経るごとに、高速化していきます。

## ◤ モバイル通信の基本的な仕組み

　**モバイル通信**は日本語では移動体通信といい、名前のとおり「移動する機器」と通信する技術です。無線LANなどの移動を想定していない通信技術では、親機との距離が離れると通信が切れてしまいます。モバイル通信技術では、親機に相当する**基地局**が街のあちこちに設置されており、自動的に一番距離が近い（電波が強い）基地局に接続して通信を継続します。この基地局を切り替える処理を**ハンドオーバー**といいます。

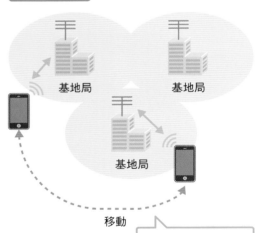

「近い基地局に切り替える」と言葉にすると簡単ですが、切り替わった途端に、利用していたWebサービスからログアウトされてしまっては困ります。モバイル通信には、基地局から基地局へ通信を引き継ぐ仕組みがあり、ログアウトされることはありません。

# モバイル通信の世代

　モバイル通信は、1980年代に開始されたアナログ方式の**1G**（1st Generation、第1世代）から始まって、10年ごとに世代を更新しています。**3G**（3rd Generation、第3世代）までは音声通話のみアナログ方式でしたが、2010年開始の**4G**（4th Generation、第4世代）や2020年開始の**5G**（5th Generation、第5世代）は、音声通話もすべてデジタル方式になり、従来よりも高速なデータ通信が可能となっています。

| 世代 | 説明 |
|---|---|
| 1G | 1980年代開始。アナログ方式。 |
| 2G | 1990年代開始。デジタル方式になり、メールなどのデータ通信が可能になった。 |
| 3G | 2000年代開始。CDMA（符号分割多元接続）という技術によりデータ通信の高速化が図られた。音声通話はアナログ方式。 |
| 4G | 2010年代開始。音声通話もデジタル化し、3Gより2倍以上に高速化した。LTEは3Gから4Gへの過渡期の規格とされていたが、後に4Gの一種となった。 |
| 5G | 2020年代開始。高速大容量（速い）、低遅延（反応が早い）、多数同時接続（たくさんつながる）を特徴とする。 |

# エッジコンピューティング

　5Gでは**低遅延**、つまりユーザーが要求してから応答するまでの時間が短い、という特徴を持ちます。これを実現するための仕組みが**エッジコンピューティング**です。

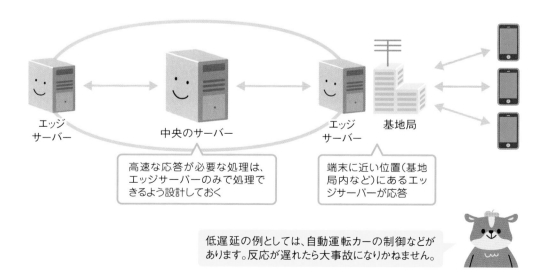

エッジサーバー　　中央のサーバー　　エッジサーバー　基地局

高速な応答が必要な処理は、エッジサーバーのみで処理できるよう設計しておく

端末に近い位置（基地局内など）にあるエッジサーバーが応答

低遅延の例としては、自動運転カーの制御などがあります。反応が遅れたら大事故になりかねません。

# 10 arpコマンドでMACアドレスを調べる

「arp」コマンドを利用すると、パソコンの中にキャッシュされているIPアドレスとMACアドレスを見ることができます。

## MACアドレスの一覧を表示する

　5-6節で説明したように、IPアドレスだけがわかっていてMACアドレスが不明な場合は、先にARPを利用して対応するMACアドレスが調査されます。とはいえ、毎回調査していては時間がかかりますし、そのたびにブロードキャストが発生してネットワークが混雑してしまいます。そのため、調査したMACアドレスはしばらくの期間パソコンの中にキャッシュ（記憶）されます。このキャッシュされているMACアドレスの一覧（ARPテーブル）を、**arp**コマンドで表示することができます。

　MACアドレスの一覧を表示したい場合は、「**arp -a**」のようにaオプション付きで実行します。他のコマンドと同じく、arpと-aの間は半角スペースを空けてください。

❶「arp -a」と入力して[Enter]キーを押す

❷IPアドレスとMACアドレスの対応一覧が表示される

## IP アドレスと MAC アドレスの対応を追加する

あまり使うことはありませんが、コマンドプロンプトを管理者権限で起動し、s オプションを指定すると、IP アドレスと MAC アドレスの静的な対応を追加することができます。

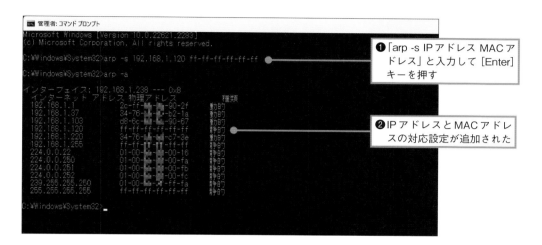

❶「arp -s IP アドレス MAC アドレス」と入力して [Enter] キーを押す

❷ IP アドレスと MAC アドレスの対応設定が追加された

## Wireshark で ARP を監視する

LAN 内では ARP による問い合わせが大量に飛び交っています。Wireshark（P.80 参照）などのパケットキャプチャツールを使うとその様子を見ることができます。

Wireshark のフィルタで ARP のデータのみを表示

# IoTとLPWAネットワーク

インターネットに接続する機器は、パソコンやスマートフォンばかりではありません。電気・ガス・水道などのメーターや家電、工場内の機械などもインターネットにつないで、制御や情報収集を行うという動きがあり、これをIoT（Internet of Things、アイオーティー）、日本語では「モノのインターネット」といいます。そして、IoTのための無線ネットワーク技術をLPWAといいます。

LPWAはLow Power Wide Areaの略で、名前のとおり「低電力で広範囲」という特徴を持ちます。各種センサー類などのIoT機器は、人間が手入れできない場所に置かれることも多く、5Gなどの通常のモバイル通信に必要な電力を確保できない恐れがあります。少ない電力で動き、数百ｍ～数十kmの広範囲に届くことが重要なのです。LPWAはIoT向け無線通信技術の総称で、具体的にはSigfoxやLoRAなどいくつかの規格が存在します。

| メーターなどの<br>IoT機器 | 基地局 | エッジIoT<br>サーバー | 中央のIoT<br>サーバー |

また、IoT向けの無線通信には、短距離で問題ない用途もあり、その用途で広く使われているのがBLE（Bluetooth Low Energy）です。BLEは、周辺機器の接続に使われる無線技術Bluetoothの省電力版で、ワイヤレスイヤホンなどに採用されています。

chapter 06

セキュリティ

# この章の
# ねらい

## ■ オープン技術の中でのセキュリティ

　これまで説明してきたTCP/IPの技術では、原則的に通信中のデータはそのまま送られるため、誰かがデータをのぞき見ようと思えば、パスワードであれ何であれ簡単に見ることができてしまいます。ネットワークのサービスは、本人確認の手段としてユーザー名とパスワードに頼ることも多いので、これらが漏れてしまうと本人でなくてもサービスが利用できることになります。これではサービスを安心して使うことはできません。

　そこで、通信のセキュリティを高めるためのさまざまな暗号化技術やプロトコルが新たに生み出され、標準的に利用されるようになっています。たとえば、オンラインショップなどを含む大半のWebサイトでは、HTTPの代わりにHTTPSが使われています。これはHTTPにSSL／TLSという暗号化通信用のプロトコルを組み合わせたもので、HTTPのすべての通信を暗号化して外部から解読できないようにします。このプロトコルが使われているWebサービスであれば、基本的な通信の安全性は保たれていると考えてよいでしょう。

HTTPSプロトコルを利用したWebサイト

## 各セキュリティ技術の特性を理解しよう

とはいえ、WebサービスでHTTPSが使われていれば何もかも安心というわけではありません。HTTPSはWeb用のプロトコルなので、電子メールやFTPなど別のプロトコルを利用するものは別の方法で守る必要があります。

1つ1つ保護するのが難しい場合は、VPNを利用するという手もあります。VPNでは拠点間の通信を丸ごと暗号化するので、個別の対策は不要になります。ただし、守られるのはVPNを導入した拠点間です。それ以外と通信する場合は保護されないので注意が必要です。

このように、セキュリティ関連のプロトコルはそれぞれ守備範囲が決まっています。特性を理解して、適宜組み合わせていきましょう。

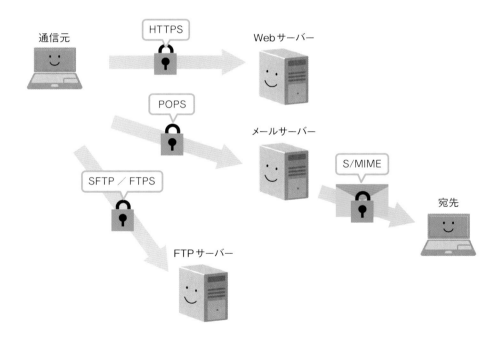

# 01 ネットワークでは セキュリティが重要

ネットワーク利用に伴うさまざまな危険を避けるために、暗号化などのセキュリティ技術が生み出されています。

## ■ ネットワークのリスク

　ネットワークの利点はコンピューター同士が自由にデータをやりとりできることですが、逆にいえばデータを盗まれるなどの脅威にさらされることにもつながります。ネットワークで待ち受ける危険には、**盗聴**、**なりすまし**、**改ざん**などがあります。

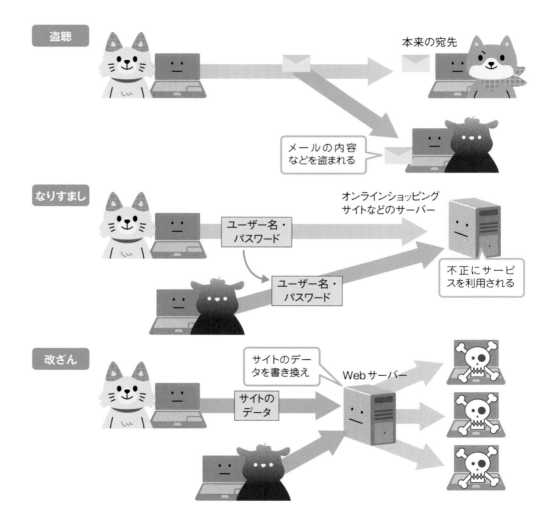

盗聴　　本来の宛先　　メールの内容などを盗まれる

なりすまし　　ユーザー名・パスワード　　オンラインショッピングサイトなどのサーバー　　ユーザー名・パスワード　　不正にサービスを利用される

改ざん　　サイトのデータを書き換え　　Webサーバー　　サイトのデータ

# ◤ 暗号化でデータを読めなくする

　盗聴に対して有効なのが、データを第三者が読めないようにする**暗号化**です。**共通鍵暗号**と**公開鍵暗号**の2種類があり、さまざまなセキュリティ技術で広く利用されています。

# ◤ 電子証明書と電子署名

　暗号用鍵を送ってきた人の本人確認には**電子証明書**が、データの改ざんに対しては**電子署名**が有効です。

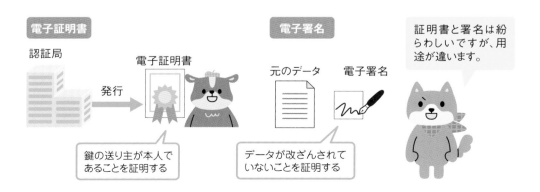

# 02 共通鍵と公開鍵

データの暗号化の方式は、大きく分けて「共通鍵暗号」と「公開鍵暗号」の2種類があります。

## 同じ鍵で暗号化／復号する共通鍵暗号

　データを簡単には解読できない状態にする**暗号化**は、セキュリティを守る基本技術の1つです。暗号化は単に読めないようにするだけでなく、後で解除して元に戻せなければなりません（**復号**）。暗号化と復号に使うパスワードなどのことを**鍵**といい、**共通鍵暗号**ではデータの暗号化／復号に同じ鍵を使います。

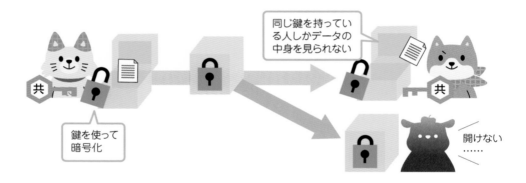

同じ鍵を持っている人しかデータの中身を見られない

鍵を使って暗号化

開けない……

### ■ 共通鍵暗号の問題点

　共通鍵暗号はシンプルで暗号化／復号が高速なのがメリットですが、鍵をどうやって受け渡すのかが問題です。鍵となるパスワードなどをメールで送った場合、メールごと盗まれてしまうと簡単に復号されてしまいます。また、やりとりする相手ごとに共通鍵を用意しなければならないという面倒もあります。

メールで鍵を送ります

鍵が盗まれると、誰でも復号できてしまう

# 暗号化／復号に別々の鍵を使う公開鍵暗号

　**公開鍵暗号**では、暗号化／復号に異なる２つの鍵をセットで使います。片方の鍵で暗号化したものは、もう片方の鍵でなければ復号できません。２つの鍵のうち、１つは他人に渡します。これを**公開鍵**といいます。もう１つは自分で保管しておきます。これを**秘密鍵**といいます。

## 公開鍵暗号でデータをやりとりする流れ

　公開鍵暗号でデータをやりとりする場合、まずデータを送ってほしい相手に公開鍵を渡します。そして、相手に公開鍵を使って暗号化したデータを送ってもらい、それを秘密鍵で開きます。公開鍵暗号は安全ですが、共通鍵暗号より処理が重いため、両者を組み合わせたハイブリッド暗号もよく使われます。

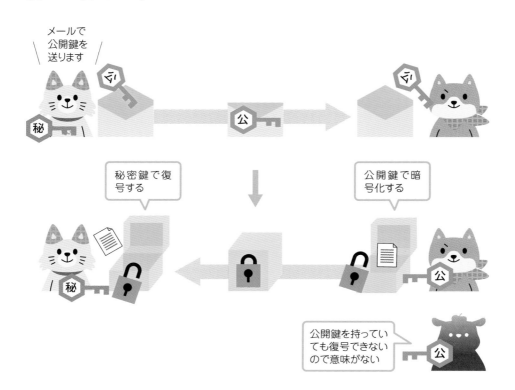

chapter 06　セキュリティ

# 03 電子証明書と電子署名

「電子証明書」はなりすましを、「電子署名」は改ざんを防ぐ仕組みです。この2つの技術には密接な関係があります。

## ■ 「本人」であることを証明するには？

　公開鍵暗号でデータの盗聴を防ぐことはできますが、公開鍵を送って来た人が名前を偽っていたら、知らない人にデータを渡してしまうことになりかねません。インターネットでのやりとりは顔を直接合わせることが少ないので、本人であることを証明する仕組みが必要です。

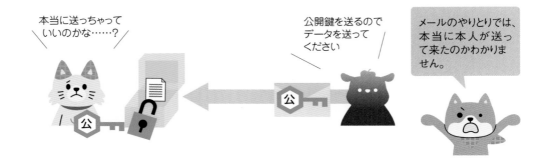

### ■ 電子証明書と認証局

　送り主のなりすましを避けるには、**認証局**が発行した**電子証明書**を利用します。

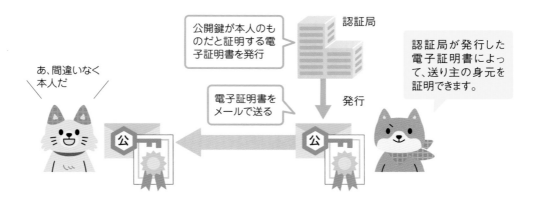

# 電子証明書によってなりすましを防ぐ

　電子証明書の中身は、公開鍵と鍵の所有者を証明するデジタルデータです。**認証局**（CA＝Certificate Authority）に依頼して発行してもらいます。電子証明書の中には公開鍵そのものと認証局の**電子署名**が含まれており、認証局が「公開鍵がその所有者のものであること」を保証しています。それを受け取った人は証明書内の公開鍵を使って暗号化することができます。

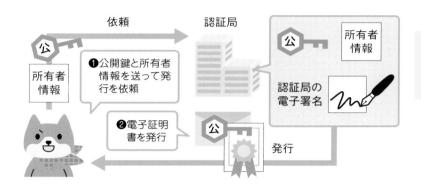

# PKI

　公開鍵や電子証明書を中心としたセキュリティインフラのことを、**公開鍵基盤**（PKI＝Public Key Infrastructure）と呼びます。なお、セキュリティインフラといっても、フィッシング詐欺やコンピューターウイルス（マルウェア）は対象外なので別の防護策が必要です。

> **Note　認証局**
>
> 　認証局は、電子証明書を発行する資格を持つ組織です。デジサートなどの民間企業の他、日本の法務省などの政府組織が認証局として電子証明書を発行しています。

# 電子署名の仕組み

**電子署名**は、データの内容が改ざんされていないこととを証明する技術です。電子版の契約書のように、改ざんが許されない文書に使われます。テキストの文書だけでなく、画像や音声、ソフトウェアなどにも利用可能です。

## ■ ハッシュ化による改ざん防止

電子署名の作成では、**ハッシュ化**という処理が重要な役割を果たします。ハッシュ化とは、特殊なアルゴリズムを用いてデータを要約することです。「元データが完全に同じでなければ同じ結果（メッセージダイジェスト、ハッシュ値）にならない」「ハッシュ化後のデータから元のデータに戻せない」という特徴を持つため、元データの内容を見せずに2つの内容が完全一致することを証明できます。

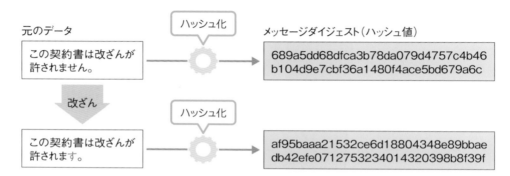

元データがわずかに違うだけでも、生成されるメッセージダイジェストはまったく異なるものになるので、改ざんを検出できます。

## ■ ハッシュ値から電子署名へ

電子署名を作るには、元データに対してハッシュ化を行い、それを公開鍵ではなく秘密鍵で暗号化します。

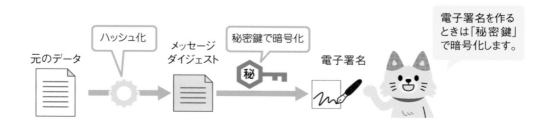

電子署名を作るときは「秘密鍵」で暗号化します。

## ■ 電子署名の検証

　元データ、電子署名、公開鍵を含む電子証明書をセットにして送ります。受け取った側は電子証明書に含まれる公開鍵を使って、電子署名を復号してメッセージダイジェストを得ます。それが元データをハッシュ化したものと一致すれば、改ざんされていないことが証明できます。

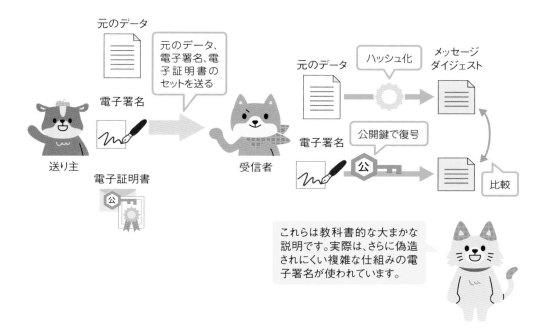

　これらは教科書的な大まかな説明です。実際は、さらに偽造されにくい複雑な仕組みの電子署名が使われています。

> **Note　S/MIME**
>
> 　公開鍵暗号の利用例に、電子メールを暗号化するS/MIME (Secure/Multipurpose Internet Mail Extensions）という技術があります。S/MIMEは公開鍵暗号と電子署名を利用し、メールの内容を暗号化するとともに、改ざんを検出する仕組みも備えています。
>
> 　S/MIMEは電子メールソフトが対応していれば利用可能です。しかし一般的には、SSL／TLS (P.162参照) を用いて通信経路を暗号化するSMTPSやPOPS、IMAPSが使われることが多いようです。

# 04 SSL ／ TLS

「SSL」または「TLS」は、サーバー証明書を利用してサーバー／クライアント間の通信を暗号化します。

## ◤ SSL ／ TLSで暗号化通信をする仕組み

**SSL** (Secure Sockets Layer) または **TLS** (Transport Layer Security) は、サーバー／クライアント間の通信のセキュリティを高めるプロトコルです。認証局より発行されたサーバー証明書を利用して、サーバーの証明、通信の暗号化を行います。

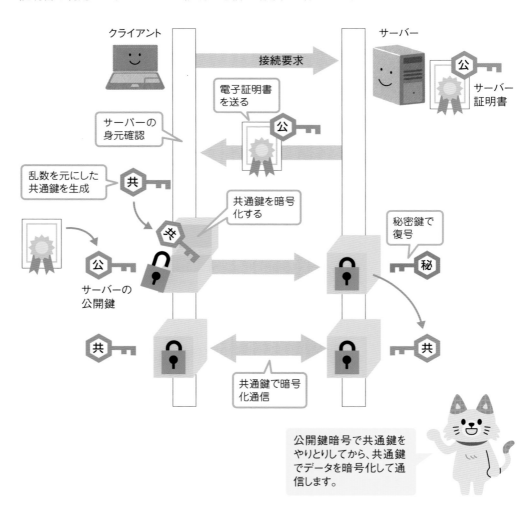

クライアント

接続要求

サーバー

サーバー証明書

電子証明書を送る

サーバーの身元確認

乱数を元にした共通鍵を生成

共通鍵を暗号化する

秘密鍵で復号

サーバーの公開鍵

共通鍵で暗号化通信

公開鍵暗号で共通鍵をやりとりしてから、共通鍵でデータを暗号化して通信します。

# SSL ／ TLSを利用したセキュアプロトコル

SSL ／ TLSを利用したセキュアプロトコルとしては、Webサーバーとの通信を保護する**HTTPS**が代表的です。他にもFTPやメールのプロトコルと組み合わせたものもあります。

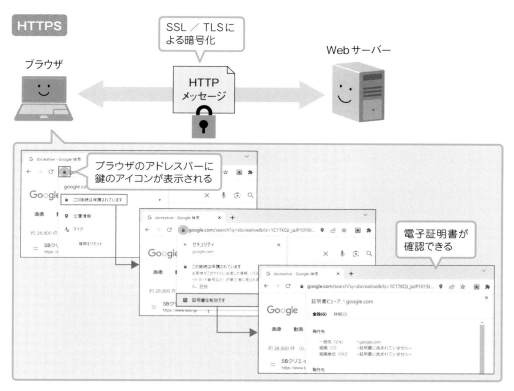

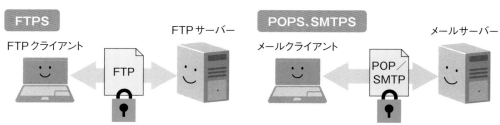

chapter 06 セキュリティ

---

Note **SSLとTLS**

SSLはネットスケープコミュニケーションズ社によって開発されました。それを元にIETF（インターネット技術タスクフォース）で標準化したものがTLSです。SSLという名前が広まっているため、現在もSSLと呼ばれることが多いのですが、TLSが最新となります。

# 05 SSH

SSHは、安全に遠隔地のコンピューターを操作するためのプロトコルです。主にサーバーの設定などを行うために使われています。

## SSHでサーバーを安全に管理する

インターネット上のサービスでは、Webサーバーやデータベースサーバーなど、さまざまな種類のサーバーが使われています。これらのサーバーを管理するために使われているのが、**SSH** (Secure Shell) です。サーバーの管理には文字による命令 (コマンド) が使われますが、SSHはそれを暗号化して送ります。暗号化の仕組みはSSL／TLSに似ており、自動生成した共通鍵を公開鍵暗号によって受け渡し、共通鍵暗号で通信します。

**暗号化されていないTelnetだと**

mkdir -m 777 ~/xxxx
sudo apt install apache2
password***

暗号化されていない通信
sudo apt install apache2 password***

ほほう、Webサーバーはアレで、
パスワードはこれなのね

サーバー

Telnetについて詳しくはP.52で解説

**暗号化されているSSHを使うと**

mkdir -m 777 ~/xxxx
sudo apt install apache2
password***

サーバーとのやり取りが盗聴された結果、不正アクセスを許してしまうと、サーバー内の重要なデータを盗まれたり、システムを破壊されたりする恐れがあります。SSHの利用は欠かせません。

暗号化された通信

なんもわからん

サーバー

共 🔑

公 🔑
秘 🔑

共 🔑

# SSHによる認証

　SSHで通信するには、最初に正規ユーザーとして認証される必要があります。SSHの認証方式には、パスワード認証や公開鍵認証があります。公開鍵認証は、クライアントのパソコン自体が盗まれない限りサーバーに接続されることがないため、比較的安全です。

**パスワード認証**

クライアント　　　　　　　　　　　　　　　　　　　　　サーバー

①接続要求

②サーバーから公開鍵を送る 公

③共通鍵を公開鍵で暗号化して送る ※

④パスワードを共通鍵で暗号化して送る

⑤パスワードが正しければ認証

パスワードは暗号化して送られるので盗聴は防げますが、別の経路(メモを見られるなど)からパスワードが漏れた場合、不正アクセスされる恐れがあります。

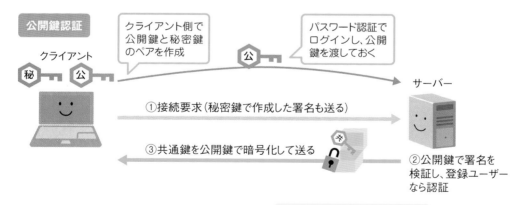

**公開鍵認証**

クライアント側で公開鍵と秘密鍵のペアを作成

パスワード認証でログインし、公開鍵を渡しておく

クライアント　　　　　　　　　　　　　　　　　　　　　サーバー

①接続要求(秘密鍵で作成した署名も送る)

③共通鍵を公開鍵で暗号化して送る ※

②公開鍵で署名を検証し、登録ユーザーなら認証

公開鍵認証では、事前に公開鍵を渡すなどの準備が必要ですが、パスワード入力なしで安全に接続できます。

# 06 ファイアウォールによる セキュリティ

「ファイアウォール」は、古くから使われている基本的なセキュリティ技術です。

## さまざまな層でコンピューターを守る

　ネットワークでは外部とのやりとりが必要なこともありますが、悪意のある者がコンピューターを乗っ取る、改ざんするなどの目的でアクセスしてくる場合もあります。それらを防ぐために使われているのが**ファイアウォール**（防火壁）です。ファイアウォールは許可された通信以外を遮断するので、許可した部分のみに注意していれば安全を守れるようになります。

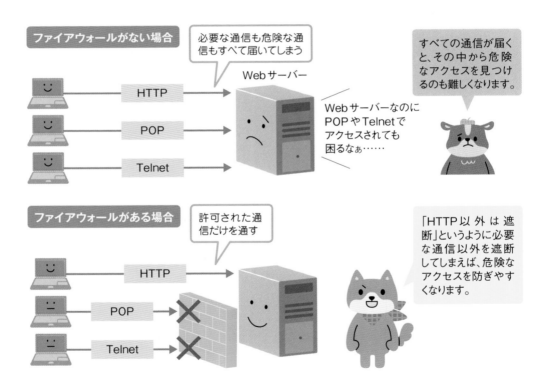

ファイアウォールがない場合

必要な通信も危険な通信もすべて届いてしまう

Webサーバー

HTTP

POP

Telnet

WebサーバーなのにPOPやTelnetでアクセスされても困るなぁ……

すべての通信が届くと、その中から危険なアクセスを見つけるのも難しくなります。

ファイアウォールがある場合

許可された通信だけを通す

HTTP

POP

Telnet

「HTTP以外は遮断」というように必要な通信以外を遮断してしまえば、危険なアクセスを防ぎやすくなります。

> **Note　セキュリティホール**
> セキュリティホールとは、情報漏えいなどにつながる可能性があるプログラムの欠陥のことで、放置しておくとコンピューターを攻撃される恐れがあります。ファイアウォールで受け入れる通信を絞り込めば、セキュリティホールを気にしなければならない範囲も狭めることができます。

# 通信を許可／遮断する基準

　ファイアウォールは通信を許可するためにパケット内の情報をチェックしますが、チェックする層の違いなどによって3つのタイプに分けられます。

**パケットフィルタ**

アプリケーション層の
ヘッダーやデータ本体

TCP ／ UDPヘッダー

IPヘッダー

IPアドレスやポート番号を見て制御する

80番ポートへの
アクセスは通す！
それ以外は遮断

IPアドレスが
ブラックリストに
載っているから遮断！

**サーキットレベルゲートウェイ**

やりとりは
すべて私を
通してください！

直接つなげず、トランスポート層レベルで通信を仲介する

**アプリケーションゲートウェイ**

アプリケーション層の
ヘッダーやデータ本体

TCP ／ UDPヘッダー

IPヘッダー

アプリケーション層に含まれるURLやテキストなどを見て判断する

URLが
ブラックリストに
載っているから
遮断！

文章の内容に
問題があるから遮断！

chapter 06　セキュリティ

---

**Note　WAF、IDS、IPS**

ファイアウォールと似たシステムに、WAF、IDS、IPSがあります。WAFはWebの不正アクセス対策専門で、社内にWebサーバーを持つ企業が導入します。IDSとIPSは通信から不正アクセスの特徴を感じ取ったら、通知もしくは遮断します。

# 07 無線LANのセキュリティ

電波で通信する無線LANでは、盗聴を防ぐためにセキュリティ仕様が規格化されています。

## 無線LANのセキュリティプロトコル

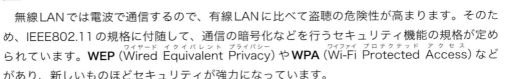

　無線LANでは電波で通信するので、有線LANに比べて盗聴の危険性が高まります。そのため、IEEE802.11の規格に付随して、通信の暗号化などを行うセキュリティ機能の規格が定められています。**WEP** (Wired Equivalent Privacy) や **WPA** (Wi-Fi Protected Access) などがあり、新しいものほどセキュリティが強力になっています。

| 規格 | 特徴 |
|------|------|
| WEP | IEEE802.11の一部。WEPには「有線並みの安全」という意味があるが、脆弱性が見つかったため、現在は利用すべきではない。 |
| WPA | WEPの代替として、解読されにくい強固な暗号化を施したセキュリティプロトコル。しかし、脆弱性が見つかったため、現在は利用すべきではない。 |
| WPA2 | WPAの強化版。暗号化方式をブロック暗号のAESに変更している。 |
| IEEE802.11i | WPA、WPA2を標準規格化したもの。 |
| WPA3 | WPA2よりさらに安全性を高めたもの。標準規格名はIEEE802.11-2020。 |

### ■MACアドレス制限、SSIDステルス

　WPAなどのセキュリティプロトコル以外に、**MACアドレス制限**や**SSIDステルス**といったセキュリティ設定があります。

　MACアドレス制限は、通信機器に振られたMACアドレス（P.128参照）を無線LAN親機に登録しておき、登録された機器以外は接続できないようにする機能です。

　SSIDステルスは、無線LAN親機からSSID（P.136参照）を発信しないようにし、SSIDを知っている子機からしか接続できないようにします。

　どちらの機能も使いやすさを損なう側面はありますが、無線LAN親機（アクセスポイント）の利用者を制限することができます。ただし、これらの機能で情報の盗聴などを防げるわけではないので注意してください。WPA2／WPA3による通信の暗号化に加えて、必要に応じて組み合わせて使いましょう。

## 盗聴を防ぐ仕組み

　無線LANのセキュリティプロトコルは共通鍵暗号の一種です。皆さんは、無線LAN親機（アクセスポイント、Wi-Fiルーター）に接続する際に、ルーターの側面などに記載された英数字の列を、パソコンやスマートフォンから入力したことがあると思います。これを**事前共有キー**（PSK、パスフレーズとも）といい、共通鍵の素になります。ただし、事前共有キーをそのまま共通鍵にすると通信を解読される恐れがあるため、MACアドレスや乱数なども組み合わせ、さらに一定期間で鍵が変化するようにしています。

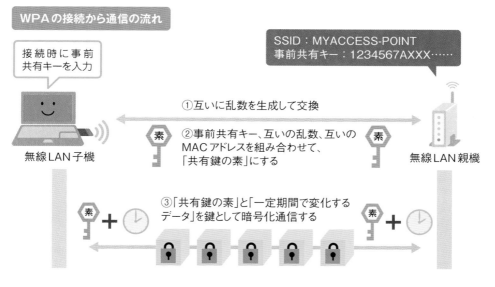

**WPAの接続から通信の流れ**

接続時に事前共有キーを入力

SSID：MYACCESS-POINT
事前共有キー：1234567AXXX……

無線LAN子機 　　　　　　無線LAN親機

①互いに乱数を生成して交換

②事前共有キー、互いの乱数、互いのMACアドレスを組み合わせて、「共有鍵の素」にする

③「共有鍵の素」と「一定期間で変化するデータ」を鍵として暗号化通信する

パケットごとに鍵が変化し続けると、盗聴を狙う者が電波を受信してデータを解析しても、鍵を予測することが困難になります。

chapter 06　セキュリティ

---

**Note　初期設定の事前共有キーを使い続けて問題はないのか**

　市販されているアクセスポイントやWi-Fiルーターには、本体側面などに事前共有キーが記載されています。おそらく、ユーザーが短く覚えやすい事前共有キーを付けてしまうことを避けるために、メーカー側で1台ずつ異なる長い事前共有キーを付けていると思われます。そのまま使って問題ありませんが、仮に空き巣に入られた場合は事前共有キーを見られた可能性もあるので、変更したほうがいいかもしれません。

# 08 VPN

「VPN」を利用すると、遠く離れたLANとLANをセキュアに接続することができます。リモートワークの普及にも欠かせない技術です。

## 遠く離れたLANとLANをセキュアに接続する

　　ファイアウォールなどの各種セキュリティ技術を利用すれば、LAN内の安全を守ることができます。しかし、本社ー支社間など遠隔地と通信する場合、途中の経路ではその恩恵は得られません。また、これまでに説明してきたHTTPSやFTPSのようなセキュアなプロトコルを利用するとしても、アプリごとに個別に対処するのは管理が大変です。そこで、特定の区間内の通信すべてを安全にするために作られたのが、**VPN**（Virtual Private Network）です。

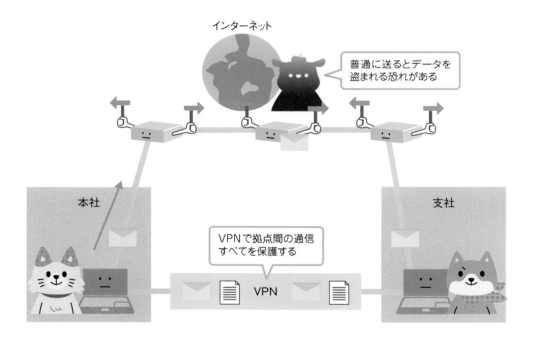

インターネット

普通に送るとデータを盗まれる恐れがある

本社

支社

VPNで拠点間の通信すべてを保護する

VPN

リモートワークでは会社と自宅の間をVPNでつなぎます。

# VPNを支える技術

VPN用のプロトコルとしては、**IPsec** (Security Architecture for Internet Protocol) や
**PPTP** (Point to Point Tunneling Protocol) などがあります。近年は、**OpenVPN**や**WireGuard**
などのオープンソース系のVPNも使われています。また、SSL／TLSを利用したWebブラウザ
ベースの**SSL-VPN**も、導入のしやすさから広く使われています。

## ■ 暗号化とトンネリング

VPNのプロトコルの大まかな仕組みは、元のIPパケットを暗号化し、新しいIPパケットを
付けて送るというもので、**トンネリング**と呼ばれます。

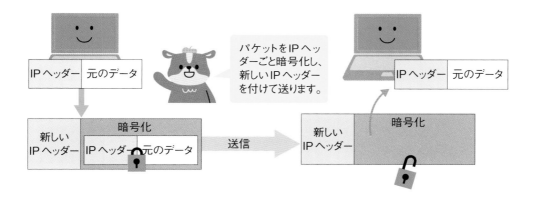

## ■ インターネットVPNとクローズドVPN

VPNは、インターネットを利用するインターネットVPNと、閉域網を利用するクローズド
VPNがあります。クローズドVPNはコストが高いですが安全性は高まります。

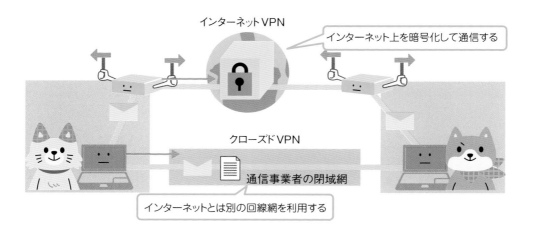

# カプセル化とトンネリング

　VPNではヘッダーをいくつも持った複雑なパケットが登場しました。このパケットは、生のIPパケットに対し、PPP→L2TP→IPsecの順番で処理してできたものです（受信の際は逆の順番で処理します）。このような通信をわかりやすく表現するものとして、「カプセル化」と「トンネリング」という考え方があります。

　カプセル化は通信データの構造をイメージしたもので、あるプロトコルのデータに別のプロトコルのヘッダー、トレーラを付加してくるみ込むことをカプセルと表現しています。トンネリングは通信中に作られる仮想的な回線をイメージしたもので、プロトコルのトンネルを別のプロトコルが通過するとみなします。トンネリングの具体例としてはVPNの他に、第5章で紹介したPPPoE、第4章で紹介したIPv6 over IPv4などが挙げられます。

L2TP/IPsec パケット

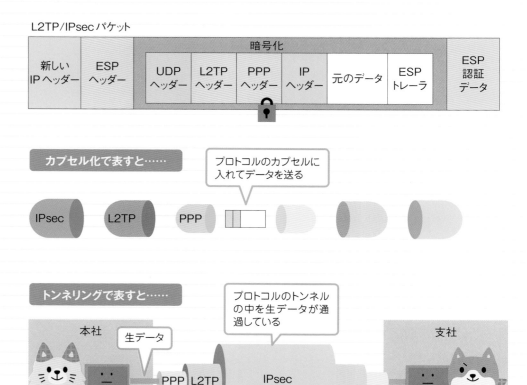

# appendix

付録

# 実物のネットワーク機器を見てみよう

これまで図解で説明してきたネットワーク機器の実際の姿を紹介しましょう。家庭向けの機器と法人向けの機器を比べると、共通の部分と異なる部分が見えてきます。

## ルーター

　家庭用のルーターは1台で家庭内LANが構築できるよう、L2スイッチやファイアウォール、DHCPサーバー、無線LAN親機などの機能を併せ持つ万能タイプですが、ルーティング処理はほぼプロバイダーのルーターに丸投げしています。一方、法人用のルーターはルーティング処理に機能を絞り、ルーティングプロトコルにもとづいて大量の通信を安定して処理できるように設計されています。

**家庭用**

BUFFALO　WXR-11000XE12 Wi-Fiルーター

法人用には、企業内での拠点間接続に使われるエッジルーターとセンタールーターや、プロバイダー同士の接続に使われるコアルーターなどの種類があります。

**法人用**

Cisco Network Convergence
System 6000 コアルーター

Cisco Catalyst　8200 シリーズエッジルーター

# L2／L3スイッチ

　家庭用のL2スイッチに接続できる機器は4〜10台程度ですが、法人用になると、数十〜数百台の機器の通信を処理できる性能と管理機能を持ちます。また、法人用にはVLANに対応したL2／L3スイッチもあります。

家庭用

BUFFALO LSW6-GT-5NS/BK
スイッチングハブ（L2スイッチ）

法人用

Cisco Catalyst 9600 シリーズ
ラインカード（L2／L3スイッチ）

# 無線LAN（Wi-Fi）親機

　無線LAN親機は無線LANによるネットワーク接続を可能にする機器で、家庭用ではルーターに統合されていることも少なくありません。家庭用と法人用の無線LAN親機の大きな違いは接続台数です。家庭用では10台前後の接続しか想定していないため、あまり多数の機器を接続すると不安定になります。法人用は20〜50台程度の機器を接続しても安定して動作します。

家庭用

BUFFALO WEX-1166DHPS2 無線LAN中継機

法人用

Cisco　MR36アクセスポイント

# 02 自宅でできる 実践トラブルシューティング

ネットワークでトラブルが起きる原因は1つとは限りません。いくつかチェックすべきポイントがあるので、何が起きているのかを調べてそこから障害の源を突き止めましょう。

## ▌Webページが表示されないのはなぜ？

　家庭のネットワークで特に多いトラブルは、「Webページが見られなくなった」というものではないでしょうか？　特定のWebページだけが見られないならそれを管理しているWebサーバー側に問題がありそうですが、すべてのWebページが見られない場合は、自宅のネットワークのどこかにトラブルが起きている可能性があります。とはいえ、ネットワークは複数の機器で構成されているので、トラブルの原因となっている機器を見つけるのはそう簡単ではありません。まずはどんな現象が発生しているかを調べて状況を切り分け、原因を絞り込んでいく必要があります。ここでは「Webページが見られないトラブル」のケースを6つ取り上げ、皆さんと一緒に原因を突き止めていきましょう。

　想定するネットワーク構成は、光電話ルーター（無線LAN機能なし）に無線LAN親機を接続し、パソコンとスマートフォンをそれぞれ1台ずつ利用する構成です。

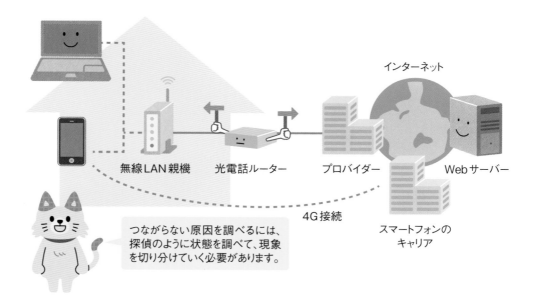

つながらない原因を調べるには、探偵のように状態を調べて、現象を切り分けていく必要があります。

# トラブルシューティングに使えるツール

トラブル解決のためには、「Webページが見られない」よりも詳しい情報が必要になることもあります。そういうときこそ、ネットワークコマンドの出番です。ipconfigやping、tracertなどのコマンドを利用してIPアドレスや各機器の生存確認などを行っていきましょう。

**ipconfig** ……… パソコンに割り当てられているIPアドレスを確認する（P.116参照）

**ping** ……… IPアドレスが示す機器が動作しているかを確認する（P.117参照）

**tracert** ……… サーバーまでの経路を確認する（P.118参照）

**nslookup** ……… ドメイン名とIPアドレスの対応を調べる（P.120参照）

## ■ スマートフォンのIPアドレスを調べる

スマートフォンはパソコンとの比較検証に役立ちます。無線LAN（Wi-Fi）接続で割り当てられているIPアドレスは以下のように確認可能です。

❶接続中のWi-Fiアクセスポイントのアイコンをタップ

❷IPアドレスやサブネットマスクが表示される

❶接続中のWi-Fiアクセスポイントの［⚙］をタップ

❷下のほうにIPアドレスやサブネットマスクが表示される

### ■ ルーターの情報を調べる

　家庭用ネットワークは「光電話ルーター」や「Wi-Fiルーター」を中心に構成されており、それらがIPアドレスの割り当て（DHCP）やインターネットとの接続を担当しています。ここに問題があると、インターネットにつながらない、パソコンにIPアドレスが割り当てられないなどのトラブルが発生します。

　ほとんどのルーターでは、WebブラウザにルーターのIPアドレスを入力すると設定画面を表示できます。パソコンのIPアドレスが192.168.1.xxxであれば、ルーターのIPアドレスは192.168.1.1である可能性が高いです。設定画面の操作方法は機器によって異なるので、詳細は付属のマニュアルを参照してください。なお、IPoE（P.145参照）で接続している場合は自動設定となるため、これらの設定は行えません。

光電話ルーターの設定画面。接続先設定でプロバイダーやDNSの設定を行える。

光電話ルーターのDHCPv4サーバ払い出し状況。機器のMACアドレスと照らし合わせれば、各機器に割り当てられたIPアドレスを知ることができる。

ルーターは家庭のネットワークの中心です。ここに問題があれば当然、ネットワークにも障害が発生します。

# ケース1：ルーターや無線LAN親機に問題アリ

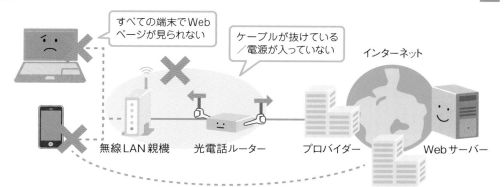

すべての端末でWebページが見られない

ケーブルが抜けている／電源が入っていない

インターネット

無線LAN親機　　光電話ルーター　　プロバイダー　　Webサーバー

4G接続

スマートフォンのキャリア

## ■ ここをチェック

　すべての端末でWebページが見られない場合、光電話ルーターか無線LAN親機側でトラブルが起きている可能性があります。ipconfigコマンドを利用してLANに接続できているのか確認しましょう。光電話ルーターか無線LAN親機側のトラブルが疑われるときは、装置の再起動（電源の抜き差し）を試してみてください。

### LANに接続できていない

```
C:\Users\鈴木花子>ipconfig

Windows IP 構成

Wireless LAN adapter ローカル エリア接続* 1:

   メディアの状態. . . . . . . . . . . . . .: メディアは接続されていません
   接続固有の DNS サフィックス . . . . . :

Wireless LAN adapter ローカル エリア接続* 2:

   メディアの状態. . . . . . . . . . . . . .: メディアは接続されていません
   接続固有の DNS サフィックス . . . . . :

Wireless LAN adapter Wi-Fi:

   メディアの状態. . . . . . . . . . . . . .: メディアは接続されていません
   接続固有の DNS サフィックス . . . . . :

イーサネット アダプター Bluetooth ネットワーク接続:
```

LANに接続できていない。無線LAN親機に問題がある可能性が高い

ケーブルが抜けている、電源が切れているミスは予想外によくあります。まずそこを疑いましょう。

### LANに接続できているがインターネット接続がない

```
C:\Users\鈴木花子>ipconfig

Windows IP 構成

Wireless LAN adapter ローカル エリア接続* 1:

   メディアの状態. . . . . . . . . . . . . .: メディアは接続されていません
   接続固有の DNS サフィックス . . . . . :

Wireless LAN adapter ローカル エリア接続* 2:

   メディアの状態. . . . . . . . . . . . . .: メディアは接続されていません
   接続固有の DNS サフィックス . . . . . :

Wireless LAN adapter Wi-Fi:

   接続固有の DNS サフィックス . . . . . :
   リンクローカル IPv6 アドレス. . . . . .: fe80::3095:2074:6b69:86dd%9
   自動構成 IPv4 アドレス. . . . . . . . .: 169.254.92.9
   サブネット マスク . . . . . . . . . . .: 255.255.0.0
   デフォルト ゲートウェイ . . . . . . . .:
```

LANには接続できているので、その先の光電話ルーター側に問題がある

# ケース2：プロバイダー設定に問題アリ

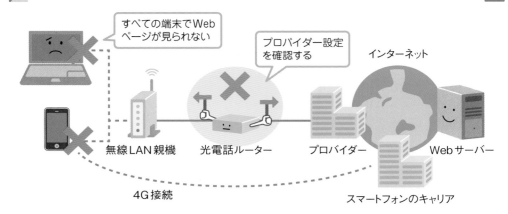

## ■ ここをチェック

　LANに接続できているのにインターネットに接続できない場合、インターネットとの接続を担当している光電話ルーターに問題がある可能性があります。光電話ルーターに付属しているマニュアルを読んで、設定画面を表示してみましょう。設定画面が表示できれば、少なくとも光電話ルーターが動いていることは確認できます。IPoEではプロバイダーとの接続設定は行えません。

### 光電話ルーターの設定

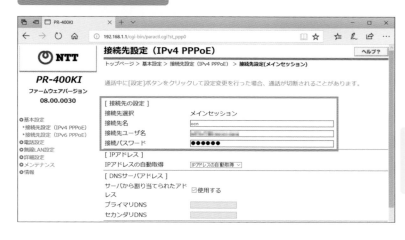

プロバイダーを乗り換えた場合などは、この設定の変更が必要となる可能性があります。

# ケース3：DNSサーバーに問題アリ

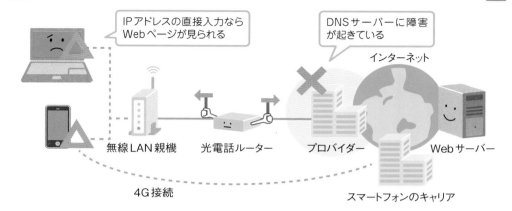

## ここをチェック

　まれにプロバイダーのDNSサーバーの不調によって、ドメイン名からIPアドレスへの変換ができなくなることがあります。その場合、URLを入力してもWebページが表示されず、IPアドレスを直接入力した場合のみ接続できる状態になります。DNSサーバーの不調がすぐに解決できない場合は、「Google Public DNS」（IPアドレス8.8.8.8）などを利用してみましょう。IPoEではDNSの設定は行えません。

### 光電話ルーターの設定

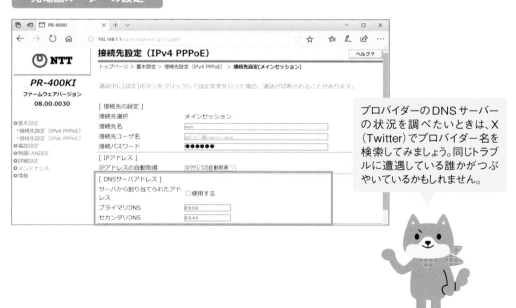

プロバイダーのDNSサーバーの状況を調べたいときは、X（Twitter）でプロバイダー名を検索してみましょう。同じトラブルに遭遇している誰かがつぶやいているかもしれません。

# ケース4：DHCPサーバーが複数ある

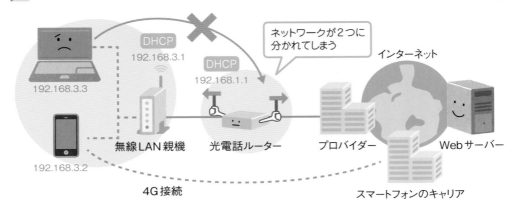

## ここをチェック

　LAN内にルーターが複数あり、それぞれのDHCP機能が有効になっている場合、複数のLANができてしまいます。インターネットの利用には問題ありませんが、別のLANの機器との通信に制限が出ます。そのため、ファイル共有機能でファイルをやりとりできないといったトラブルが起きます。無線LAN親機がルーター機能を持つ場合は、それを無効にしたブリッジモードに切り替えられないか調べてみましょう。

DHCP機能を無効にできない機器も存在します。

# ケース5：IPアドレスを固定設定している

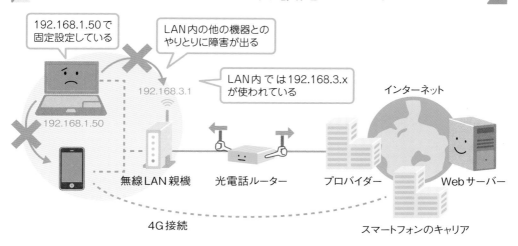

192.168.1.50で
固定設定している

LAN内の他の機器との
やりとりに障害が出る

LAN内では192.168.3.x
が使われている

インターネット

192.168.3.1

192.168.1.50

無線LAN親機　　　光電話ルーター　　プロバイダー　　Webサーバー

4G接続

スマートフォンのキャリア

## ■ ここをチェック

　IPアドレスを固定する設定を使用している場合、それがLANのIPアドレスと噛み合っていないとLAN内の通信に障害が出ます。デフォルトゲートウェイの設定が合っていればインターネットとの通信には問題ないので、症状はケース4と似ています。固定設定を解除する操作はいくつかあるのですが、Windows 11の場合はWi-Fiアクセスポイントの画面から設定を行えます。これなら接続するネットワークごとに固定設定と自動設定の使い分けが可能です。

❶接続中のWi-Fiアクセスポイントの
［プロパティ］をクリック

❷［自動（DHCP）］を選択

# ケース6：特定の機器だけつながらない

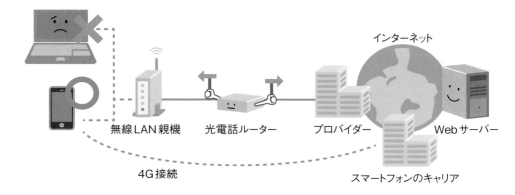

インターネット

無線LAN親機　　光電話ルーター　　プロバイダー　　　　Webサーバー

4G接続

スマートフォンのキャリア

## ■ ここをチェック

　特定の機器だけつながらない場合、原因はその機器の中にある可能性が高いといえます。ただし、考えられる原因は無数にあります。ケース5で挙げた固定IPアドレス設定もその原因の1つですし、他にも無線LAN接続であれば無線LANの規格が合っていない、有線接続であればケーブルがちゃんと刺さっていないといったケアレスミスもありえます。機器が古い場合はハードウェアの故障も考えられます。

　ソフトウェア的な問題であれば、単純にOSの再起動や設定の初期化などが有効なので、まずはそれを試してみてください。解決しない場合は、問題が起きている機器を他のLANに接続しても動かないのか、本当に別の機器ならちゃんと動作するのか、などを機器を買い直す前に確認しておきましょう。

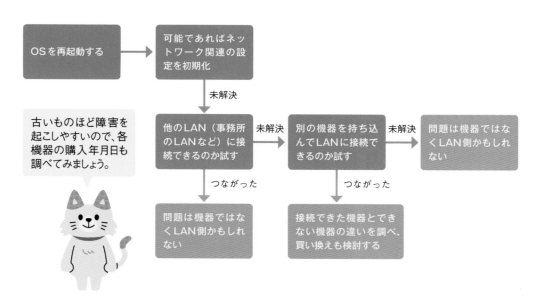

# index

■ 本書のサポートページ

https://isbn2.sbcr.jp/23333/

本書をお読みいただいたご感想を上記URLからお寄せください。
本書に関するサポート情報やお問い合わせ受付フォームも掲載しておりますので、あわせてご利用ください。

■ 著者紹介
**リブロワークス**
「ニッポンのITを本で支える！」をコンセプトに、主にIT書籍の企画、編集、デザインを手がけるプロダクション。SE
出身のスタッフも多い。最近の著書は『Web技術で「本」が作れるCSS組版 Vivliostyle入門』(C&R研究所)、『ノンプ
ログラマーのためのVisual Studio Code実践活用ガイド』(技術評論社)、『SQL1年生 データベースのしくみ SQLiteで
体験してわかる！会話でまなべる！』(翔泳社)、『2024年度版 みんなが欲しかった！ITパスポートの教科書&問題集』
(TAC出版)など。
https://www.libroworks.co.jp/

作図協力：shigezoh

# スラスラわかるネットワーク&TCP/IPのきほん 第3版

2024年 1月 9日　　　初版第1刷発行

著　者 ……………………… リブロワークス
発行者 ……………………… 小川 淳
発行所 ……………………… SBクリエイティブ株式会社
　　　　　　　　　　　　　　〒106-0032 東京都港区六本木2-4-5
　　　　　　　　　　　　　　https://www.sbcr.jp/
印　刷 ……………………… 株式会社シナノ

カバーデザイン ………… 細山田 光宣＋千本 聡 (株式会社 細山田デザイン事務所)
イラスト…………………… 山本 彩友美
本文デザイン…………… クニメディア株式会社
制　作 ……………………… リブロワークス

落丁本、乱丁本は小社営業部 (03-5549-1201) にてお取り替えいたします。
定価はカバーに記載されております。

Printed in Japan　ISBN978-4-8156-2333-3